几类动力系统的稳定性研究

吴海霞　刘炜　冉维◎　著

西南交通大学出版社
·成都·

图书在版编目（C I P）数据

几类动力系统的稳定性研究／吴海霞，刘炜，冉维
著. 一成都：西南交通大学出版社，2018.7
ISBN 978-7-5643-6300-0

Ⅰ. ①几… Ⅱ. ①吴… ②刘… ③冉… Ⅲ. ①时滞系
统 – 动力系统 – 稳定性 – 研究 Ⅳ. ①TP13

中国版本图书馆 CIP 数据核字（2018）第 169770 号

| 几类动力系统的稳定性研究 | 吴海霞 刘 炜 冉 维 | 著 | 责任编辑 孟苏成 封面设计 何东琳设计工作室 |

印张 8.75 字数 145千   出版发行 西南交通大学出版社

成品尺寸 170 mm×230 mm   网址 http://www.xnjdcbs.com

版次 2018年8月第1版   地址 四川省成都市二环路北一段111号
                                    西南交通大学创新大厦21楼
印次 2018年8月第1次

印刷 成都蓉军广告印务有限责任公司   邮政编码 610031

                                    发行部电话 028-87600564 028-87600533
书号 ISBN 978-7-5643-6300-0   定价 40.00元

前言

动力系统的概念起源于十九世纪末对动力学问题——常微分方程的定性研究。19 世纪后半期，庞加莱和李雅普诺夫在力学研究中建立了微分方程的定性分析与稳定性理论。到 20 世纪 60 年代，由于微分几何和微分拓扑研究的发展，动力系统理论才开始取得重大的进展，并且在物理、化学、生物、生态学、经济学、控制理论、数值计算等各个领域都有着广泛的应用，成为当代最活跃的数学分支之一。

动力系统中不可避免地存在时间滞后现象。时滞是影响系统稳定的重要因素之一，甚至带来振荡、分叉以及混沌等动力学行为。此外，动力系统的稳定性容易受到不可避免的系统误差，外部扰动，系统参数振动，系统信息不全等诸多不确定性因素的影响。因此，研究时滞以及不确定性对动力系统稳定性的影响就显得非常重要。在很多实际的系统中，如在物理电路、生物系统、化学反应过程中，随机因素的干扰在动力系统中起着非常重要的作用。因此，动力系统稳定性还需考虑随机因素的影响。

本书旨在对时滞不确定线性系统、时滞神经网络以及基因调控网络等几类动力系统的稳定性进行分析。本书的研究得到国家自然科学基金（No. 60973114，60974020，60903213）的资助，在此表示感谢。

由于作者水平所限，书中难免存在不妥之处，敬请读者批评指正。本书可作为高等院校非线性系统控制、管理科学、系统工程、人工神经网络等有关研究人员、工程技术人员和相关学者的参考书。

作　者

2018 年 8 月

| 摘要 |

　　众所周知，动力系统中不可避免地存在时间滞后现象（简称"时滞"）。时滞是影响系统稳定的重要因素之一，甚至带来振荡、分叉以及混沌等动力学行为。此外，动力系统的稳定性容易受到不可避免的系统误差、外部扰动、系统参数振动、系统信息不全等诸多不确定性因素的影响。因此，研究时滞以及不确定性对动力系统稳定性的影响就显得非常重要。在很多实际的系统中，如在物理电路、生物系统、化学反应过程中，随机因素的干扰在动力系统中起着非常重要的作用。因此，动力系统稳定性还需考虑随机因素的影响。近年来，动力系统的稳定性研究吸引了大量的研究人员的浓厚兴趣，并取得了丰富的结果。

　　本论文主要致力于几类动力系统的渐近稳定性和鲁棒稳定性的分析，获得了一些有意义的成果。其主要内容和创新之处可概述如下：

① 具有两个累加时变时滞的不确定系统的鲁棒稳定性研究

　　在诸如网络控制系统等实际系统中，信号从系统的一个节点向另一个节点的传输过程中，要经历网络的几个组成部分。由于网络传输条件的变化，可能产生几个连续的、具有不同属性的时滞。本文基于一个新的具有几个连续累加时滞的系统模型，研究了不确定时滞系统的稳定性。我们仔细考虑了系统状态向量带有两个累加时滞的情况，得到了带两个连续时滞的不确定系统稳定的一些新的充分条件。其思想可以很容易地推广到带多个连续时滞的线性系统中。

② 时变时滞神经网络与时滞区间相关的稳定性分析

　　对于许多具有实际意义的系统，时滞的下界并不一定为 0，即时滞包含在一个有界的区间 $[\underline{\tau}, \overline{\tau}]$ 内，其中 $\underline{\tau} > 0$ 是区间的下界。由此，我们研究了一类时变时滞神经网络平衡点的时滞区间相关的稳定性，得到了几个与时滞区间相关和与时滞导数无关/相关的神经网络平衡点全局渐近稳定和鲁棒稳定的判定准则。

③ 基于时滞分段方法的静态递归神经网络的稳定性分析

利用时滞分段方法,研究了一类静态递归神经网络的全局渐近稳定性问题,得到了几个与时滞相关的静态时滞递归神经网络渐近稳定性的充分条件,该条件与已有结论相比不仅形式简单,而且具有更少的保守性。实验结果也表明,时滞分段技术对扩大时滞的上界是有效的。

④ 基于 LMI 方法的带区间变时滞基因调控网络的稳定性分析

研究了带区间变时滞的参数不确定基因调控网络的全局渐近稳定性和鲁棒稳定性问题。利用自由权值矩阵和 LMI 方法,首先得到了几个时滞区间相关和时滞导数相关/无关的时滞基因调控网络的全局渐近稳定判定条件,然后研究了基因调控网络的鲁棒稳定性问题。所得到的稳定性条件克服了时变时滞导数必须小于 1 的限制,使得其适用范围更宽。由于采用了 LMI 方法,使得这些结果更易于验证。

⑤ 随机噪声对时滞基因调控网络的稳定性影响

由于细胞中的分子事件受到热力学波动和噪声过程的支配,基因表达可视作一个随机过程。特别是在分子数目较少或反应速率较慢时,这种影响的作用将更加显著。因此,基因调控网络较精确的模型应该包括随机噪声。本文研究带随机噪声干扰和区间时滞的不确定基因调控网络的全局渐近稳定性和鲁棒稳定性,得到了几个判断基因调控网络在均方意义下渐近稳定和鲁棒稳定的充分条件,这些条件刻画了随机噪声和时滞对基因调控网络稳定性的影响。

⑥ 具有两个时变时滞的随机静态递归神经网络的稳定性影响

研究了带有两个时变时滞的随机静态递归神经网络时滞相关稳定性。通过构造一个新的李雅普诺夫泛函,应用微分不等式及线性矩阵不等式方法,得到了一个时滞相关的稳定性准则,并且给出了一个数值示例来说明所得到结果的有效性。

关键词: 动力系统,时滞,稳定性,Lyapunov-Krasovskii 泛函,
线性矩阵不等式

| ABSTRACT |

It is well known that time delay is unavoidable in dynamical systems. Time delays may affect the stability of the system, even lead to instability, oscillation or chaos phenomena. Furthermore, in the applications and designs of networks, some unavoidable uncertainties which result from using an approximate system model for simplicity, external perturbations, parameter fluctuations, and data errors, etc, must be integrated into the system model. Such time delays, parametric uncertainties may significantly influence on the overall behavior of a dynamical system. Hence, it is significant and of prime importance to consider the effect of time delay and parametric uncertainties on the stability property of dynamical systems. In many practical systems, such as in the physical circuits, biological systems, chemical reaction process, stochastic disturbances in dynamical systems play a very important role. Therefore, the stability of dynamical system must take into account their effect. Recently, the stability analysis of dynamical systems has attracted a large number of researchers, and a series of significant results have been established.

This dissertation focuses on the asymptotical and robust stability for several dynamical systems. The main contributions and originality contained in this dissertation are as follows:

① Robust stability analysis of uncertain systems with two additive time-varying delay components

Sometimes in practical situations, for example, in networked control system, however, signals transmitted from one point to another may experience a few segments of networks, which can possibly induce successive delays with different properties due to the variable network transmission conditions. The problem of stability analysis for uncertain systems is concerned. The systems are based on a new time-delay model proposed recently, which contains multiple successive delay components in the state. We consider the case where only two successive delay components appear in the state. As a result, some less conservative stability criteria are established for systems with two successive delay components and parameter uncertainties. And the idea behind the proposed results can be easily extended to systems with multiple successive delay components.

② Delay-range dependent stability of uncertain neural networks with interval time-varying delays

In practical engineering systems, time-varying delay is a time delay that varies in an interval $\underline{\tau} \leqslant \tau(t) \leqslant \overline{\tau}$, in which the lower bound $\underline{\tau}$ is not restricted to be 0. In this thesis, the stability analysis for neural networks with interval time-varying delays and parameter uncertainties is addressed and some delay-derivative-independent stability criteria are established in term of linear matrix inequality (LMI).

③ Asymptotical stability analysis for static recurrent neural networks with time delay: delay fractioning approach

The asymptotical stability analysis for static recurrent neural networks with time delay is studied by means of a delay fractioning approach. Some delay-dependent asymptotical stability criteria for static recurrent neural networks with time delay are established. The obtained criteria not only have the advantage of simple form but also are less conservative than some existing ones in the literature. Experimental results also show that the delay fractioning approach is effective to expand the upper bound of time delay.

④ Stability analysis for genetic regulatory networks with interval time-varying delays: an LMI approach

The asymptotical and robust stability of genetic regulatory networks with interval time-varying delays and parameter uncertainties is investigated. First, by employing some free-weighting matrices and linear matrix inequalities, new delay-range-dependent and delay-derivative-dependent/independent stability criteria are derived. Then, the robust stability of genetic regulatory networks with interval time-varying delays and parameter uncertainties is addressed. Furthermore, the rigorous requirement of other literatures that the time derivatives of time-varying delays must be smaller than one is abandoned in the proposed scheme. As a result, the new criteria have wider range of applications and are applicable to both fast and slow time-varying delays. Since the criteria are obtained by LMIs, the results are easily verified

⑤ Stabilizing effects of stochastic noises in genetic regulatory networks with interval time-varying delays

As molecular events in cells dominated by the thermal fluctuations and noise, gene expression can be regarded as a random process. Especially in low copy number of molecules, or a slower reaction rate, the role of this effect will be more prominent. Therefore, gene regulatory network should be described by more accurate models which include random noise. The stabilizing effects of stochastic noises in genetic regulatory networks with interval time-varying delays are concerned amd some new stability criteria are established to guarantee the delayed genetic regulatory networks to be robustly asymptotically stable in the mean square. The obtained criteria characterize the aggregated effects of the stochastic noises and time-varying delays on the stability of the considered genetic regulatory networks.

⑥ Stability for static recurrent neural networks with two time-varying delays components

The delay dependent stability for static recurrent neural networks with two time-varying delays components is concerned. An approach combining the Lyapunov-Krasovskii functional with the differential inequality and linear matrix inequality techniques is taken to investigate this problem. By constructing a new Lyapunov-Krasovskii functional, a delay dependent stability criterion is established in term of linear matrix inequality. A numerical example has also been used to demonstrate the usefulness of the main result.

Keywords: Dynamical systems, Time delay, Stability, Lyapunov-Krasovskii functional, Linear matrix inequality (LMI)

| 目录 |

1 绪 论

  动力系统的概念起源于 19 世纪末对动力学问题——常微分方程的定性研究。19 世纪后半期，庞加莱和李雅普诺夫在力学研究中建立了微分方程的定性分析与稳定性理论。到 20 世纪 60 年代，由于微分几何和微分拓扑研究的发展，动力系统理论才开始取得重大的进展，并且在物理、化学、生物、生态学、经济学、控制理论、数值计算等各个领域都有着广泛的应用，成为当代最活跃的数学分支之一。

  众所周知，系统的稳定性是系统最基本也是最重要的性能之一，是任何系统分析和控制系统设计都必须首先考虑的问题。各种稳定性的定义都与系统的响应有关，即具有反映系统的输入、系统的初始条件或参数的小变化不会引起系统行为大变化的性质。在实际中，系统往往受到时滞、建模误差、系统参数摄动或随机扰动等多种因素的干扰，在有这些干扰存在的前提下，其稳定性分析就显得更加重要。在近一百年的时间里，稳定性理论得到了人们广泛的关注和深入的研究，我国的许多学者也做出了许多有意义的工作。

  本论文旨在对时滞不确定线性系统、时滞神经网络以及基因调控网络等几类动力系统的稳定性进行分析。本章分 3 个部分简要介绍时滞不确定线性系统、时滞神经网络以及基因调控网络的研究概况，然后介绍本论文的主要研究内容。

1.1 时滞不确定线性系统稳定性概述

  在实际问题中，各种工业生产过程、生产设备、运输系统以及其他众多的被控对象，它们的动态特性一般都难以用精确的数学模型进行描述，有时即使能获得被控对象的精确数学模型，但由于过于复杂，利用现有的控制系统设计手段也无法实现，因而不得不进行简化，比如将非线性系统转化为线性系统。此外，在许多实际系统中，如航空航天、化工冶金、电网等，由于环境变化、测量的不灵敏、信号的传输和元件的老化等原因，系统中不确定性和时滞是普遍存在的。

时滞系统已被大量用于描述传播、传输现象或人口动态模型等方面[1-2]。在经济系统中，时滞以一种自然的方式通过一些时间区间出现在一些经济领域，如投资政策、商品市场演变等[3]。用数学方法来描述，这类系统通常被表示成泛函微分方程形式[18]。由于时滞是自然界中广泛存在而又不可避免的一种现象，时滞的存在使得系统的分析和综合变得更加复杂和困难。且实践证明，由于时滞对线性或非线性系统的状态或输入的影响，以及它引起复杂的动力行为（如振动，不稳定性，混沌），时滞往往是系统失稳的重要因素之一。此外，自然界与工程中存在诸多不确定因素，例如，制造、安装、测量、材料、尺寸等各个环节中都不可避免地存在着允差，因而，工程计算中所涉及的物理参数都具有某种程度上的不确定性。在研究控制系统时所遇到的不确定因素主要包括：结构不确定性或者参数不确定性、非结构不确定性或非结构摄动、混合不确定性。因此，分析时滞系统的稳定性有着重要的理论和实际的意义，且必须考虑不确定性带来的影响。

目前，研究时滞系统主要是应用泛函微分方程理论，研究范围涉及稳定性分析、控制器设计、$H\infty$ 控制、无源与耗散控制、可靠控制、保成本控制、$H\infty$ 滤波、Kalman 滤波以及随机控制等。不管研究哪个分支，稳定性都是基础，对最终形成控制方案具有非常重要的理论和现实意义。时滞系统稳定性分析的目的是希望找到计算简单、切实有效并且保守性尽可能小的稳定性判据，研究方法主要分为两类：一类是以研究系统传递函数为主的频域方法；另一类是以研究系统状态方程为主的时域方法[4]。

频域法是基于超越特征方程根的分布或复 Lyapunov 矩阵函数方程的解来判别稳定性。线性时滞系统稳定的充要条件是闭环特征方程的解均具有负实部。由于时滞系统闭环特征方程是一个具有无穷多解的超越方程，其稳定性分析比无时滞系统要复杂得多，虽然频域法理论上容易得到系统稳定的充要条件，但在考虑控制器的设计时，由于涉及系统特征方程的处理，计算非常复杂，特别是对于多变量高维系统、非线性微分系统或中立型系统。同时，频域法难于处理含有不确定项以及参数时变的时滞系统。

时域法是目前时滞系统稳定性分析和综合的主要方法，易于处理含有不确定项、时变参数和时变时滞的系统以及非线性时滞系统。时域方法主要有 Lyapunov-Krasovskii 泛函方法和 Razumikhin 函数方法。Lyapunov-Krasovskii 泛函方法是由 Krasovskii 于 1959 年提出的推广 Lyapunov 方法，通过引入不同的泛函，来判断系统的稳定性。由于泛函的选取不同，其保守性能也有所差异。在应用稳定性理论时，主要是判定泛函沿系统的任意轨线的时间导数，并保证这个时间导数最终是负定的。

当前，为了降低时滞依赖稳定条件的保守性，大致有 3 种方法：交叉项界定方法、模型变换方法以及 Lyapunov-Krasovskii 泛函的适当选取。最近也出现了一些新的思想和方法，如自由权值矩阵（Free-weighting matrices）方法及分段 Lyapunov 方法等，能更明显地减少前 3 种方法的保守性。自由权值矩阵方法有两个优点：第一，它直接处理系统模型，不采用任何系统变换。目前，系统变换是处理时滞系统稳定性的主要方法，所有采用自由权值矩阵方法就避免了有模型变换引起的保守性；第二，它没有使用任何不等式或改进的不等式来估计 Lyapunov 泛函的上界。

近年来，科学工作者们对时滞线性系统的稳定性做了深入的研究，取得了丰富的研究结果，包括常时滞或变时滞系统[5-11, 13, 16-17, 19-25, 27-31]。在文献[19]中，作者利用自由权值矩阵方法研究了带区间时变时滞的连续系统的稳定性问题。文献[11]的作者通过采用增广矩阵方法（Augmented matrix method），研究了带参数不确定的时滞线性系统的鲁棒稳定性问题，分别给出了带区间时变时滞和常时滞的时滞系统的稳定性判断准则。文献[25]和[16]讨论了一类带几个累加时滞的连续系统的稳定性问题。文献[31]则关注了带随机扰动的不确定时滞系统的鲁棒稳定性问题，并给出了与时滞相关的稳定性判断条件。这些研究时滞系统稳定性的方法也适用于时滞神经网络稳定性分析。在文献[32]中，作者就利用一阶参数模型转换方法首先讨论了时滞系统的稳定性问题，然后将所得到的结果应用于一类可转换为线性时变系统的神经网络的稳定性分析中。关于时滞神经网络的稳定性概述将在下节阐述。

1.2 时滞神经网络稳定性概述

作为动力系统的另外一个重要应用，神经网络由于具有分布存储、并行处理和自学习的优点，在信息处理、模式识别、智能控制等众多领域有广泛应用[37-41]。细胞神经网络由于其局部的连接性质，有利于超大规模电路的实现，但电路设计以及大规模电路实现的正确性需要神经网络的稳定性来保证，所以保证神经网络及其学习过程的稳定性是神经网络应用中一个非常重要的问题。例如，Hopfield 网络用于优化时，要求网络只具有唯一的一个平衡点，该平衡点对应于待求解的目标，而且随着时间的增长，要求网络的所有状态都趋近于这个平衡点，从数学上看，就是要求网络必须是全局渐近稳定的；神经网络用于实时计算时，为了提高收敛速度，我们常常要求神经网络具有较高的指数收敛度。细胞神经网络用于图像处理时，希望网络的平衡点尽可能地多，这样可以将处理后的结果存储于这些平衡点上，而且网络的状态在长时间后也要趋近于某个平衡点，这对应于系统是完全稳定的；因此，研究神经网络的稳定性问题就具有十分重要的理论及现实意义。在过去近 20 年里，神经网络的稳定性得到了深入的研究。

众所周知，在生物神经网络中神经元之间信号传输的突触滞后总是存在的。类似地，由于神经信号传输速度以及放大器切换速度的有限性，所以在由电路硬件执行的人工神经网络中时滞的存在是普遍的。为了易于分析和应用，许多神经网络模型忽略了神经元之间信息传输所带来的时间延迟。然而，时滞可能会影响整个网络的稳定性而产生振荡行为和不稳定现象甚至带来混沌。在这种情况下，要精确地描述事物，就必须研究带时滞的神经网络系统的稳定性。近年来，研究人员将轴突信号传输时滞引入到传统的神经网络模型，如 Hopfield 神经网络（HNN）、细胞神经网络（CNN）、双向联想记忆神经网络（BAMNN）和 Cohen-Grossberg 神经网络模型（CGNN）等，得到了相应的时滞神经网络模型，并对其各种动力学属性进行了深入的研究，对时滞神经网络的稳定性研究也取得了大量深刻的结果[42-82]。

一般来说，当前文献中的时滞可以分为有限时滞和无穷时滞，而有限时滞又可分为常量时滞和时变时滞。尽管在神经网络模型中用常量时滞来描述时间滞后已经对真实现象给出了很好的近似，但在实际中，随时间变化的时滞才更加真实客观，带有变时滞的人工神经网络模型能给出生物神经网络更加精确的模拟。然而，虽然在建模中采用有限时滞反馈可以对一些小型的电路得到较好的近似，但由于存在大量的并行旁路以及存在各种不同长度和大小的轴突，神经网络中通常有空间上的扩展。这样，神经网络就在无穷或有限时间内存在传输时滞的分布，在这种情况下，信号传输就不可能是瞬间完成的，也就不能用有限时滞或无穷时滞来建模，即较精确的模型应该同时含有有限时滞和无穷时滞[72]。注意到，虽然对一些神经网络来说，小的时滞对其平衡点的全局稳定性影响很小（我们称这种时滞是"无害"时滞）[69]，但一般来说，时滞的引入对神经网络的动力学行为有着很大的影响，它可以使得神经网络变得更加复杂，甚至出现混沌现象。当然，时滞的存在也使神经网络平衡点的稳定性分析变得更加复杂。

近年来，时滞神经网络的全局渐近稳定性和全局指数稳定性得到了大量的研究，读者可参阅文献[53-82]。由于目前尚未出现关于时滞神经网络系统的统一模型，一般情况下，研究时滞神经网络的稳定性问题时，不同的网络一般都采用不同的特殊处理手段。因此，关于神经网络稳定性研究不仅没有统一的方法可循，而且许多研究结果也时常具有交叉和重复的内容。但总的来看，在现有研究时滞神经网络稳定性的方法中最广泛使用的是 Lyapunov 方法[71]。它把稳定性问题变为某些适当地定义在系统轨迹上的泛函稳定性问题，并通过这些泛函得到相应的稳定性条件。这些稳定性条件就其表述形式至少可分为 4 种，即参数的代数不等式（例如，文献[42-43，50，53，85]）、系数矩阵的范数不等式（例如，文献[64-65，67-68]）、矩阵不等式（例如，文献[54-70]）和线性矩阵不等式（LMI）[72]（例如，文献[48，49，61-62，70]）等。其中，由于 LMI 方法对系统参数的限制相对较少而且易于验证[83]，近年来，LMI 方法在稳定性理论中得到了大量的应用（例如，文献[72]）。

根据是否包含时滞参数，时滞系统的稳定性准则一般可分为两类：时滞无关稳定性准则和时滞相关稳定性准则[90]。由于许多实际系统中的时滞都是有界的，时滞相关的准则相对于时滞无关的准则，其保守性要低一些。早期的大多数研究基本上局限于时滞无关的稳定性研究，显然，这对"无害"的小时滞神经网络是非常苛刻的。Liao 在多篇文章中提到这个问题，并对时滞 Hopfield 神经网络提出了一系列时滞相关的稳定性条件[48，74，78]。Li 进一步研究了 BAM 神经网络的时滞相关的稳定性问题[84]。而时滞相关稳定性条件要求当时滞为零时，系统是稳定的。这样，由于系统解对时滞的连续依赖，一定存在一个时滞上界 $\overline{\tau}$，使得对于 $\forall \tau \in [0, \overline{\tau}]$，系统均是稳定的。相应地，最大允许时滞界 $\overline{\tau}$ 就成为衡量时滞依赖条件保守性的主要指标。于是，找到使得系统稳定最大时滞区间将是非常有用的。最近的一些文献，如文献[90]，研究了这种时滞参数相关的稳定区间问题。

对一个预先设计好的系统，由于模型误差、外部扰动和实现时出现的参数波动等不可避免的不确定因素，它的稳定性常常会被破坏。这样，我们在设计系统时必须考虑系统的鲁棒稳定性。如果一个系统的不确定因素仅仅来自参数的扰动或波动，并且这种扰动或波动都是有界的，那么我们称这种系统为区间系统。1998 年，Liao 和 Yu 首次研究了区间 Hopfield 神经网络的鲁棒稳定性[43]。近年来，关于带常量时滞和时变时滞的神经网络的全局鲁棒稳定性的结果已经有了不少报道，参见文献[45，52，56，81-82，86-89]。然而，由于时滞神经网络稳定性问题的复杂性，人们不可能针对一大类系统得到一组完美的稳定性判据。因此，为了实践上的应用和理论的完美，人们不断提出新的判定准则来弥补理论上的这种欠缺。

时滞神经网络是一种复杂的非线性系统，其动力学特性十分复杂。本论文主要涉及平衡点的存在性和唯一性、全局稳定性（渐近稳定性、鲁棒稳定性）。目前以及今后一段时间，关于时滞神经网络动力学行为的理论研究可能主要集中在以下几个方面：

- 时滞对神经网络的稳定吸引域的影响；
- 时滞神经网络的局部稳定性以及局部吸引域的研究；
- 时滞神经网络的分叉和混沌研究；
- 对其他类型的神经网络的研究，例如，模糊神经网络、脉冲神经网络、混杂脉冲开关神经网络等。

1.3 基因调控网络及其稳定性概述

基因调控网络本质上是一个连续而复杂的动态系统，即复杂的动力系统网络，用于描述 DNA、RNA、蛋白质和其他一些小分子，以及它们之间的相

互作用关系。在过去近十年里，基因调控网络（Gene regulatory networks）
已经成为生物学与生物医学中一个重要的研究领域[130-132]。

1.3.1 基因调控网络概述

生命的秘密储存在基因（Gene）当中。基因是包含了生命活动所必需的
各类遗传信息的 DNA 序列，它是控制生命体性状的基本遗传单位。为了生
成各类完成具体生命活动的蛋白质，基因中所包含的遗传信息首先从 DNA
单链转录（Transcribe）成为信使 RNA（Messenger RNA），这一过程是由 RNA
聚合酶参与完成的。接下来，信使 RNA 被翻译（Translate）成具体的蛋白质，
在翻译过程中，mRNA 中的核苷酸序列用于蛋白质的合成。这一系列的过程，
称为基因表达（Gene expression）。简而言之，基因表达是细胞在生命过程中
把生物基因组中蕴藏在基因中的遗传信息经过转录及翻译等一系列过程，合
成特定的蛋白质，进而发挥其特定的生物学功能的全过程。在基因表达过程
中，遗传信息由 DNA 传递到蛋白质，如图 1.1 所示。一个基因的表达受其他
基因的影响，而这个基因又影响其他基因的表达，这种相互影响相互制约的
关系构成了复杂的基因调控网络。

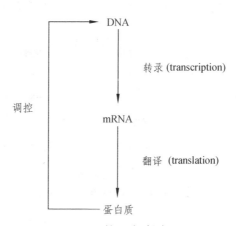

图 1.1　基因表达过程

Fig.1.1　The process of gene expression

基因表达调控主要表现在以下几个方面：

- 转录水平上的调控（Transcriptional regulation）；

● 转录后水平，即 mRNA 加工、成熟水平上的调控（Post-transcriptional regulation）；

● 翻译和翻译后水平上的调控（Translational and post-translational regulation）。

基因的转录过程受到一类特殊的蛋白质所调控，这类特殊的蛋白质又叫作转录因子（Transcription factor）。通常而言，转录因子有两种状态，活跃（Active）和不活跃（Inactive）。转录因子可以在环境信号的作用之下在这两种状态之间进行快速的转换[173]。

对于原核生物和真核生物来说，真核生物的遗传物质集中在细胞核中，并与某些特殊的蛋白质组成核蛋白，形成一种致密的染色体结构，如酵母、霉菌、高等动植物。原核生物没有细胞核，遗传物质分散于整个细胞中。有时虽有相对的集中的区域，但并无核膜包围，如放线菌、细菌、立克次氏体、衣原体、支原体等。由于二者的细胞结构不同，它们的基因组及其基因表达调控差异明显。

① 原核基因表达调控特点

原核生物不同于真核生物的基因结构，存在转录单元，即操纵子。原核生物的转录受操纵子控制，任何开启和关闭操纵子的因素会影响基因的转录，从而控制基因的表达。

原核生物的调控主要发生在转录水平上，根据调控机制的不同分为负转录调控和正转录调控。在负调控系统中，调控基因的产物是阻遏蛋白（Repressor），起着阻止结构基因转录的作用。根据作用特征又可分为负诱导作用和负阻遏作用。在负诱导系统中，阻遏蛋白不与效应物（诱导物）结合时，结构基因不转录；在负控阻遏系统中，阻遏蛋白与效应物结合时，结构基因不转录。在正转录调控系统中，调控基因的产物是激活蛋白（Activator）。在正控诱导系统中，诱导物的存在使激活蛋白处于活性状态；在正控阻遏系统中，效应物分子的存在使激活蛋白处于非活性状态。

② 真核基因表达调控特点

自从在原核生物中发现了各种操纵子后，科学家们一直在探索真核生物基因表达调控的机制。几十年来的研究证明，绝大多数的真核生物细胞中不存在与原核生物类似的操纵子。真核生物细胞中基因表达调控要比原核生物复杂得多，但同原核一样，转录起始仍是真核基因表达调控的最基本环节，而且某些机制是一样的。但在下述方面与原核存在明显差别：

真核基因转录发生在细胞核内，翻译则多在胞浆，两个过程是分开的，因此其调控增加了更多的环节和复杂性，转录后的调控占有更多的分量。

真核基因的转录与染色质的结构变化相关。当基因被激活时，可观察到染色体相应区域发生某些结构和性质变化，如活化基因对核酸酶极度敏感；当基因活化时，转录区 DNA 有拓扑结构变化，DNA 碱基修饰（如甲基化）变化及组蛋白变化。

真核基因表达以正性调控为主。真核 RNA 聚合酶对启动子的亲和力很低，基本上不依靠自身来起始转录，需要依赖多种激活蛋白的协同作用。真核基因调控中虽然也发现有负性调控元件，但其存在并不普遍；真核基因转录表达的调控蛋白也有起阻遏和激活作用或兼有两种作用者，但总的是以激活蛋白的作用为主。即多数真核基因在没有调控蛋白作用时是不转录的，需要表达时就要有激活的蛋白质来促进转录。换言之，真核基因表达以正性调控为主导。

目前，基因表达及其调控过程是分子生物学的核心问题，是现代生命科学研究的重点和热点问题。生物物种之间的差异显现与物种演化的关键问题就是基因表达的 DNA 信息控制方法[133]。

1.3.2　基因调控网络中的时滞与噪声

在生物体内，基因表达之间存在时滞调控现象是客观存在的。基因调控系统的转录、翻译、蛋白质的形成过程都存在时滞[160]，例如，一个基因 i 对另一个基因 j 有抑制作用。但基因 i 要与基因 j 的上游调控序列结合，可能必须先与其诱导因子相结合。因此，从抑制子 i 的表达到所观察到的其对基因 j 的抑制现象之间会存在一个明显的时间延迟。此外，在通过基因表达谱对基因调控网络重构的过程中，由于芯片实验本身的原因，也将导致延迟调控现象的出现。在最近的一些关于老鼠和斑马鱼的实验中，证实了时滞是确实存在的[161-162]。

基因表达的过程在生命过程中处于最基本的层次，其中存在着丰富的随机过程。Arkin 等科学工作者很早就指出了基因表达过程中的反应是随机突然发生的，随机力的影响必须加以考虑[176]。近几年，有不少工作都开始研究基因表达过程中的噪声的作用。基因网络中的噪声有两个来源[178]：

① 内部噪声（Intrinsic noise）[179-180]

内部噪声来源于基因网络固有的物理化学反应特性。在真正的细胞当中，参与生命活动各个过程的分子数目往往处于一种很低的水平，分子间的物理化学反应是随机过程，而不是确定性的事件，从而导致各类分子的数目是一个随机变量。因为分子数目直接和该分子参与的反应速度相关，分子数目的随机性会使得基因调控网络的信号处理过程也是一个不确定的随机过程。这一类噪声的强度与系统中的分子数目成反比。当基因调控网络中的分子数量趋于无穷的时候，在没有外部噪声的条件下，基因调控网络可以被视为一个无噪声的信号处理系统。然而由于在生物化学反应中，参与反应的分子数目往往很少，因此内部噪声的强度足以对系统的信号处理功能产生重要的影响。

② 外部噪声（Extrinsic noise）[173]

我们可以把基因调控网络看作是一个多控制参数的信号处理系统。在实际生物系统中，这些控制参量往往不是恒定的，而是受到一系列其他随机波动因素的影响，比如温度、气压、光强等等。控制变量的随机波动作为输入进入基因调控网络的信号处理过程，它们对信号处理的影响随着信息的流动过程在基因网络内部扩散。比如一个特殊基因的转录因子的活性对温度的变化比较敏感，那么环境中温度的随机波动就会使该转录因子的活性处于不稳定的状态，进而影响该基因的转录和翻译，使得该基因表达的蛋白质水平也处于一种随机波动的状态。

1.3.3　基因调控网络模型

基因调控网络分析的目的就是要建立调控网络的数学模型，通过数学模型来研究基因之间的相互作用关系。建模时为了简化求解的需要，往往对其进行简化。近年来，已有几种计算模型被应用于研究基因调控网络的动力学特性，包括：有向图（Directed graphs）[142]、布尔网络模型（Boolean models）[138-139]、贝叶斯网络模型（Bayesian network models）[134, 135]、Petri 网模型（Petri net models）[136·137]、微分方程模型（Differential equation models）[140-142·144]等。本论文就几类典型的模型作重点阐述和回顾。

① 布尔网络模型

转录调控网络最简单的模型就是布尔网络模型。布尔网络模型最早由 Kauffman 于 1969 年引入。1998 年 Yuh 等[164]综合以往的研究结果，详细分析了海胆 Stronglocentrotus Purpuratus 基因 Endol16，对这一基因转录水平的基因调控网络进行了逻辑描述，成功构造了一种有效的布尔函数框架。在布尔网络中，每个基因所处的状态或者是"开"或者是"关"。状态"开"表示一个基因转录表达，形成基因产物，而状态"关"则代表一个基因未转录。基因之间的相互作用关系由布尔表达式来表示。图 1.2[144]是一个简单的布尔网络模型的例子。基因 1 的表达产物抑制基因 2 和 3 的表达，基因 2 的产物也抑制基因 3，基因 3 的产物激活基因 1。网络中各个基因状态的集合称为整个系统的状态，当系统从一个状态转换到另一个状态时，每个基因根据其输入（调控基因的状态）及其布尔规则确定其下一个时刻的状态是"开"还是"关"。比如，只有当前一时刻基因 3 的状态为 ON 时，基因 1 的状态才为 ON，而基因 3 的状态为 ON 的条件是前一时刻基因 1 和基因 2 同时为 OFF。

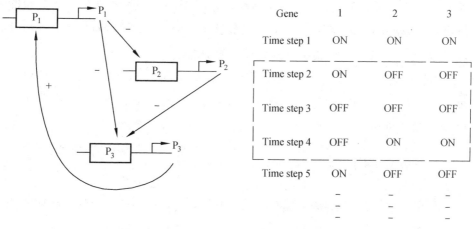

（a）一个有 3 个基因的调控网络 A　　　　（b）网络 A 的布尔表示

（a）a network of three genes　　　　（b）a simulation of the network A

图 1.2　一个布尔网络的简单模型

Fig.1.2　A simple gene network model regarding genes as ON-OFF switches

布尔网络强调的是基本的全局网络而不是一种定量的生化模型，相比于真实的基因网络，布尔网络模型比较简单粗糙。它把内部的遗传功能和相互作用理解为逻辑规则，但是由于基因间相互作用的复杂性，用每条基因的一条逻辑规则来做推断常常会导致错误的规则[174]。

② 贝叶斯网络模型

基因调控网络的贝叶斯模型是一种概率模型，它用包括 n 个节点的有向无环图 G 模拟调控系统，每个节点 i 对应于随机变量 X_i，节点可以代表基因、蛋白质或其他分子，X_i 则表示分子的活性水平，对于基因而言，它就是表达水平。Murphy 与 Mian 在文献[176]中根据两个基因之间的调控存在一定的时延，首次提出用动态贝叶斯网络（Dynamic bayesian networks，DBNs）模型分析时序基因表达数据。

贝叶斯网络模型定义如下[175]：n 元随机变量 $U = \{X_1, X_2, \cdots, X_n\}$ 的贝叶斯网络是一个二元组 $G = (S, P)$，其中 $S = (U, E)$ 是一有向无环图（Directed acyclic graph，DAG），称为贝叶斯网络结构；U 为节点集，每个节点 X_i 可看成取离散或连续值的变量，记 X_i 的值域为 $Val(X_i)$；E 是有向边的集合，每条边表示两节点间直接的概率依赖关系（Probabilistic dependency relation），依赖程度由条件概率参数决定；$P\{p(X_i|parents(X_i)) : X_i \in U\}$ 是一组条件概率分布的集合。$parents(X_i)$ 表示图 G 中的 X_i 父节点的集合；$p(X_i|parents(X_i))$ 表示节点 X_i 在父节点某一取值状态下的条件概率分布。

有向无环图表示以下条件独立关系，即马尔可夫 Markov 独立性假设：每个变量在给定 G 中的父节点前提下，独立于它的非子节点，基于条件独立性，U 联合概率分布可表示为

$$p(X) = \prod_{i=1}^{n} p(X_i|parents(X_i)). \tag{1.1}$$

为确定以上的联合概率，需要确定所有上式中出现的条件概率，所有这些条件概率组成了参数向量集。而贝叶斯网络核心就是通过将这种条件独立关系解释为因果关系，并用来表示基因间的因果调控关系。

③ 微分方程模型

微分方程系统作为基因调控网络模型由 Chen 较早使用[158]。在基因调控

系统中，用时间效应变量 x_i 来代表第 i 个基因在 t 时刻的表达水平，并且，这个变量的取值是非负的。那么，系统中各基因之间的调控关系可以用常微分方程来表示

$$\frac{\mathrm{d}x_i}{\mathrm{d}t} = f_i(x), \quad 1 \leqslant i \leqslant n \qquad (1.2)$$

这样的方程也称之为动力学方程或速率方程，式中 $\frac{\mathrm{d}x_i}{\mathrm{d}t}$ 说明第 i 个基因在 t 时刻表达水平的变化率，向量 $x = [x_1, x_2, \cdots, x_n]^{\mathrm{T}}$ 代表各个基因的表达水平，由此，第 i 个基因在 t 时刻的表达变化率依赖于其他基因的表达量，当然，也可能包括它自身的表达量 x_i。

方程（1.2）右端的函数 $f_i(x)$ 的结构表明了基因之间的内部调控机制，也就是调控网络的结构，$f_i(x)$ 采取什么样的表现形式，就说明基因之间在以什么样的方式发生作用。调控函数 $f_i(x)$ 最简单的情形为线性函数，在文献[158]中，作者提出了一个线性转录模型，该模型建立了许多假设，并将基因的转录和翻译，mRNA 和蛋白质的降解都考虑在内。在大多数情况下，基因之间的相互作用呈现出复杂的非线性关系，此时，非线性的调控函数 $f_i(x)$ 能够更好地说明生物体内的真实情况，通常考虑函数 $f_i(x)$ 是连续可微，并且单调增加的有界函数。

Hidde De Jong[142]的综述提到了一个调控函数——Hill curve：

$$h^+(x_j, \theta_j, m) = \frac{x_j^m}{x_j^m + \theta_j^m}.$$

此函数取值在 0 到 1 之间，且单调增加，其中 $\theta_j > 0$ 是调控子 j 调控目标基因的界值，$m > 0$ 是斜率参数。当 $m > 1$ 时，Hill curve 呈 sigmoid 型，这与实验证据一致。

Chen 等在文献[141]中，给出了图 1.3 所示的基因调控网络模型。在网络中，对每个节点来说，都只有一个输出和多个输入。如果转录因子或蛋白质 j 对基因 i 具有调控作用，那么就有一个从节点 j 连接节点 i 的有向边。该模型不仅考虑了 mRNA 和蛋白质的衰减速率，还考虑了时滞的因素。

$$\begin{cases} m(t) = -K_m m(t) + c(p(t-\tau_p)), \\ p(t) = -K_p p(t) + d(m(t-\tau_m)). \end{cases} \qquad (1.3)$$

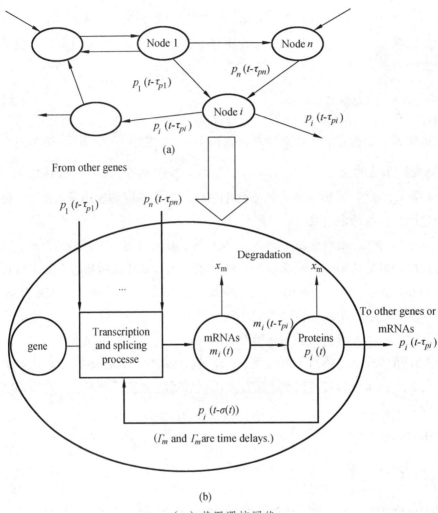

(a)

(b)

（a）基因调控网络

（a）Genetic regulatory network

（b）节点 i 的结构（输入： $p_1(t, \tau_{p1}), \cdots, p_n(t, \tau_{pn})$ ，输出： $p_i(t, \tau_{pi})$ ）

（b）Structure of node i [imputs: $p_1(t, \tau_{p1}), \cdots, p_n(t, \tau_{pn})$ output: $p_i(t, \tau_{pi})$]

图 1.3 转录和拼接过程带反馈环的基因调控网络

Fig 1.3 Genetic regulatory network with a feedback loop for transcription and splicing processes.

其中 $m = (m_1, m_2, \cdots, m_n) \in R^n$, $p = (p_1, p_2, \cdots, p_n) \in R^n$ 分别表示 mRNA 和蛋白质的浓度。$K_m = \text{diag}\{k_{m1}, k_{m2}, \cdots, k_{mn}\} \in R^{n \times n}$ 和 $K_p = \text{diag}\{k_{p1}, k_{p2}, \cdots, k_{pn}\} \in R^{n \times n}$ 为正的对角阵，分别表示 mRNA 和蛋白质的衰减速率。$\tau_m = (\tau_{m1}, \tau_{m2}, \cdots, \tau_{mn}) \in R^n$ 和

$\tau_p = (\tau_{p1}, \tau_{p2}, \cdots, \tau_{pn}) \in R^n$ 为正实向量，表示分别 mRNA 和蛋白质的时延，且 $m(t, \tau_m) = (m_1(t, \tau_{m1}), \cdots, m_n(t, \tau_{mn}))$ 和 $p(t, \tau_p) = (p_1(t, \tau_{p1}), \cdots, p_n(t, \tau_{pn}))$。 $c(p) = (c_1(p), \cdots, c_n(p)) \in R^n$ 以及 $d(m) = (d_1(m_1), \cdots, d_n(m_n)) \in R^n$ 是非线性函数，其形式可以表示为 Sigmod 函数、$\tanh(x_i/\varepsilon)$ 函数或 $x_i^k/(x_i^k + \varepsilon)$，其中 ε 为一正数，k 是 Hill 系数，表示协同强度。

常微分方程所给出的模型都是确定性的，然而，由于细胞中的分子事件受到热力学波动和噪声过程的支配，基因表达可视作一个随机过程，特别是在分子数目较少或反应速率较慢时，这种影响的作用将更加显著。Li 等在文献[141]的基础上，首次提出了一个基于 SUM 逻辑的随机基因调控网络模型。

总的来说，基因调控网络是一个非常复杂的非线性系统，因此，用数学模型进行描述具有一定的难度。相对来讲，有向图和布尔网络是较为简单的模型，对系统的模拟是定性的、较为粗糙的；贝叶斯网络是一种概率模型，可以定量地、随机地描述调控网络；Petri 网对系统可以进行严格的数学表述，也可以进行直观的图形表达，但自带信息不足、描述能力弱；微分方程则可以定量、精确地预测系统的行为，利于描述基因网络中的复杂关系，特别适用于有周期性表达的基因。随机模型能够对网络的情况进行精细的拟合，但计算难度较大。当然，所有的这些模型，都是在一定假设的基础上，对原有的生物过程进行了简化。一般来讲，随着对调控网络的描述更为深入和细致，所付出的计算成本往往也是增加的，关于不同模型之间更详细的评价，H.D. Jong[142]、P. Smolen[144]和 L.F.A. Wessels[143]给出了具体的说明。目前，几种典型的基因调控网络已用于实验和理论研究上[141, 145-148, 157]。

1.3.4 基因调控网络稳定性研究现状

大量的非线性生物模型尤其是基因调控网络的数学模型，都是实验生物学者和理论生物学者对高度复杂的生物网络进行抽象提炼出来的。一般建立的模型由一套确定性的微分方程来定量地描述。对于这套确定性方程，全面把握它的性质不仅有助于我们理解生物对象的各种动力学特征，而且也是进行随机性研究的前提。这些确定性性质其中的一个重要内容就是稳定性。比如有些基因表达模型是单稳的，有些有多个稳态，分析这些稳态的稳定性对于研究基因表达的过程和转变、分析基因表达产物的噪声特性等都有很重要的意义。

基因调控网络具有十分丰富的动力学属性，在基因调控网络实现功能的过程中，时滞和噪声是不可排除的因素。基因调控网络在这些干扰下如何完成对输入信号的正确响应成为关注的热点。除了时延与噪声，在网络的应用和设计中，在系统建模时必须考虑一些不可避免的参数不确定性，这些不确定性主要源于系统建模时的模型简化、外边扰动、参数波动和数据错误等。时延、参数不确定性和随机噪声都将在相当大的程度上影响动态系统的整体性能，可以诱发调控产物浓度的随机振荡。这种影响经过环境的选择最终决定了物种的发展、生命的进化。近年来，认识并解析复杂基因调控过程及其随机动力学机制，已成为后基因组时代生命科学的前沿课题之一。目前，基因调控网络的稳定性研究引起了国内外很多学者的注意，展开了广泛而深入的研究并且得到了许多研究结果[141, 149-153, 155-156]。

文献[141]提出了一个非线性微分方程模型来描述时滞基因调控网络，通过应用局部稳定性分析和特征方程分析方法，研究了基因调控网络的局部稳定性。文献[152]首次提出了基于 SUM 逻辑的基因调控网络模型，该模型可以转换成为 Lur'e 系统。通过使用 Lyapunov 方法和 Lur'e 系统方法，作者分别研究了带变时滞的基因调控网络和时滞随机基因调控网络的稳定性，并得到了一些有效的稳定性准则。文献[153]研究了带有变时滞和随机扰动的基因调控网络。文献[149]提出了离散的 SUM 基因调控网络模型，并得到了一些离散基因调控网络的全局指数稳定性准则。文献[156]研究了具有多面体不确定性的变时滞基因调控网络的鲁棒渐近稳定性问题，其所提出的稳定性准则都依赖于时滞的上界和下界。文献[151]研究了带分布时滞的基因调控网络的全局渐近稳定性和鲁棒稳定性问题。文献[155]研究了具有区间变时滞和范数有界不确定性的基因调控网络的稳定性。其稳定性结果去掉了对时滞导数必须小于 1 的限制，该结果可适用于快时变函数。值得指出的是，文献[155]的稳定性结果还有很大的改进空间。在估计 Lyapunov 泛函上界时，作者忽略了一些有用的项，并且 $\tau(t),\sigma(t)$ 被简单地简化为 τ_M,σ_M 或 τ_m,σ_m，这都会带来保守性。另外，该稳定性结果是与导数无关的，也就是没有包含时变时滞函数的导数信息。针对以上问题，在本论文的第 4 章和第 5 章，研究了具有随机扰动和参数范数有界不确定性的区间变时滞基因调控网络，提出了一些全局渐近和全局鲁棒稳定性准则。所提出的稳定性判据既是与时滞相关的，包含了时滞的上界与下界信息，又是与时滞导数相关的，包含了时变时滞的导数信息，所得到的判据既适用于快时滞时变函数又适用于慢时滞时变函数。

构造一个简单的 Lyapunov 泛函可能导致得到的条件比实际条件保守得多。为了减少这种方法的保守性，一种方法是构造复杂的 Lyapunov 泛函，并引入较多的自由权值矩阵。由此所得到的稳定性判据由于具有更大的选择自由度而具有更少的保守性。但是，它的难点在于不容易验证、计算复杂度高。在本论文的第 5 章，我们期望在较少保守性和计算复杂度之间找到一个适当的平衡。为了达到这个目的，我们的主要思想是利用半自由权值矩阵方法，将 Lyapunov 泛函中的部分参数矩阵作为自由权值矩阵引入，通过降低自由权值矩阵的个数来减少计算的复杂度。

就目前而言，多数的研究工作局限于以下几个方面：
- 研究变时滞对基因调控网络动力学行为的影响；
- 研究随机扰动对变时滞基因调控网络动力学行为的影响；
- 研究随机不确定变时滞基因调控网络的动力学行为。

然而，一些研究发现，不同基因之间存在的时延不同[158, 159]。目前研究具有多时滞、分布时滞的基因调控网络稳定性的工作还很少，在此基础上同时考虑随机干扰以及脉冲对基因调控网络的动力学影响的工作基本处于空白，这一部分的工作仍然具有很大的研究空间。

1.4 本论文的组织结构

本论文主要对几类动力系统的稳定性进行了一系列的研究，获得了一些有意义的成果。其内容涉及时滞不确定线性系统的稳定性分析；带区间时变时滞的神经网络时滞区间稳定性分析；基于时滞分段方法的静态递归神经网络稳定性分析；带区间时变时滞基因调控网络稳定性分析；带随机干扰的基因调控网络鲁棒稳定性分析等。具体如下：

第 1 章为绪论。简要介绍时滞不确定系统的稳定性、时滞神经网络稳定性和基因调控网络及其稳定性。最后介绍了本论文的研究工作。

第 2 章基于一个新的时滞系统模型研究了不确定时滞系统的稳定性。该系统的状态向量包括几个连续的时滞。我们考虑了系统状态向量带有两个累加时滞的情况，在估计 Lyapunov 泛函导数上界时，充分考虑了时滞和时滞上界的关系，得到了带两个连续时滞的不确定系统稳定的一些新的充分条件，其中参数不确定性满足范数有界的条件。其思想可以很容易地推广到带多个连续时滞的线性系统中。

第 3 章研究了一类时变时滞神经网络平衡点的时滞区间相关的稳定性。通过构建适当的 Lyapunov-Krasovskii 泛函和引入自由权值矩阵，得到了时滞区间相关的时变时滞神经网络平衡点的全局渐近稳定性和鲁棒稳定性的几个充分条件。

第 4 章利用时滞分段方法，研究了一类静态递归神经网络的全局渐近稳定性问题。不同于以前的相关文献，神经元的激活函数既不需要假定为单调的、可微的，也不需要是有界的。本章得到了两个判断时滞静态递归神经网络渐近稳定性的新的充分条件，该条件与已有结论相比较不仅形式简单且具有更小的保守性。实验结果同时表明，时滞分段技术对扩大时滞的上界是有效的。

第 5 章研究了带区间变时滞的不确定基因调控网络的全局鲁棒性问题。得到了若干个新颖的时滞基因调控网络的鲁棒稳定性判定条件。并且去除了时变时滞导数必须小于 1 的限制，使得所得的结果适用范围更宽。

第 6 章研究了带有随机噪声干扰和区间时滞的基因调控网络的稳定性，得到了几个判断基因调控网络均方意义下渐近稳定和鲁棒稳定的充分条件，这些条件刻画了随机噪声和时滞对基因调控网络稳定性的影响。

第 7 章研究了带有两个时变时滞的随机静态递归神经网络时滞相关稳定性。得到了一个时滞相关的稳定性准则，关注了两个时变时滞对稳定的影响。

第 8 章是对论文的总结，并提出一些今后进一步工作的展望。

1.5　符号说明

在本论文中，我们用 R^n 和 $R^{n\times n}$ 分别表示 n 维欧几里得空间及空间内所有 $n\times n$ 维实数矩阵的集合；A^{T} 表示矩阵 A 的转置。$A>0(<0)$ 表示正定或负定矩阵，$A\leqslant B$ 意味着 $A-B\leqslant 0$ 是半负定。I_n 表示 $n\times n$ 的单位矩阵；Δ 表示参数不确定项；$\mathrm{diag}\{M_1,M_2,\cdots,M_n\}$ 表示由对角线上矩阵 $M_1,M_2,\cdots,M_n$ 组成的分块对角矩阵；$\star$ 表示对称矩阵的对称部分。

2 带两个累加时变时滞的不确定系统的鲁棒稳定性

本章研究了不确定时滞系统的稳定性。该系统基于一个新的时滞模型，即系统的状态向量包括几个连续的时滞。在估计 Lyapunov 泛函导数上界时，充分考虑了时滞和时滞上界的关系，得到了带两个连续时滞的不确定系统稳定的一些新的充分条件，其中参数不确定性满足范数有界的条件。理论分析和数值模拟表明：本论文结果比现有一些文献的结果更加有效且具有较少的保守性。

2.1 引 言

众所周知，许多实际系统的数学模型中含有时滞的现象，常见于诸如电路、光学、神经网络、生物及医学、建筑结构、机械等领域，而时滞的存在可能会导致系统的失稳，产生振荡或者性能指标的下降。因此，对于时滞系统稳定性的研究近年来得到了广泛的关注[10-14，17，19-21，23-24，26-35]。在文献[10]中，作者将增广矩阵引入到 Lyapunov 泛函中，研究了带区间时变时滞的参数不确定时滞系统的鲁棒稳定性。文献[19]的作者通过考虑时滞的变化区间，讨论了带区间时滞的线性系统的稳定性，并给出了一些时滞区间相关的稳定性充分条件。文献[31]的作者研究了不确定随机时滞系统的鲁棒稳定性。在文献[17，20-21，23-24，26-30]中，作者讨论了不确定时滞系统的稳定性，并给出了一些稳定性判定条件。几乎以上所有对时滞线性系统的研究都是基于以下基本的数学模型：

$$\dot{x}(t) = Ax(t) + Bx(t - d(t))$$

其中，$d(t)$ 是状态 $x(t)$ 中的时滞，该时滞经常假定为一个常量或满足下列条件的时变函数：

$$0 \leqslant d(t) \leqslant \bar{d} < \infty, \quad \dot{d}(t) \leqslant \tau < \infty$$

值得注意的是，在以上模型中，状态变量 $x(t)$ 中的时滞假定为一个单一的或简单的形式。正如文献[25]所讨论的，有时在一些实际的情况中，信号从一个节点向另一个节点的传输过程中，要经历网络的几个组成部分。由于网络传输条件的变化，可能产生几个连续的、具有不同属性的时滞，例如图 2.1 所示的网络控制系统。

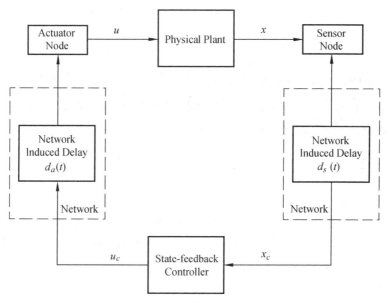

图 2.1　网络控制系统
Fig. 2.1　Networked control system.

在图 2.1 中，分别有两个不同的时滞 $d_s(t)$ 和 $d_a(t)$，其中 $d_s(t)$ 表示从传感器到控制器的时滞，$d_a(t)$ 表示从控制器到执行器之间的时滞。在网络传播过程中两个时滞的特性并不完全相同，因而不能将其合并一起进行研究。当被控对象和状态反馈控制器分别以 $\dot{x}(t) = Ax(t) + Bu(t)$ 和 $u_c(t) = Kx_c(t)$ 的形式给出时，闭环系统为

$$\dot{x}(t) = Ax(t) + BKx(t - d_s(t) - d_a(t)).$$

因此，在文献[25]中提出了以下新的时滞系统模型

$$\dot{x}(t) = Ax(t) + Bx(t - \sum_{i=2}^{n} d_i(t)).$$

该模型包含了多个状态时滞，文献[25]针对该模型给出了一个带两个连续时滞的时滞系统的稳定性充分条件，并通过一个数值算例说明了方法的可行性。最近，文献[16]通过定义一个新的 Lyapunov-Krasovskii 泛函，对文献[25]的结果做出了改进。

但是我们注意到，文献[16，25]的结果仍然有很多改进的空间。在计算 Lyapunov-Krasovskii 泛函导数的过程中，我们可以进一步减少结果的保守性。例如，在文献[25]中，$\int_{-\bar{d}_1}^{0} \int_{\beta}^{0} \dot{x}^{\mathrm{T}}(t+\alpha)M_1\dot{x}(t+\alpha)\mathrm{d}\alpha\mathrm{d}\beta$ 和 $\int_{-\bar{d}_1-\bar{d}_2}^{-\bar{d}_1} \int_{\beta}^{0} \dot{x}^{\mathrm{T}}(t+\alpha)M_2\dot{x}(t+\alpha)$ $\mathrm{d}\alpha\mathrm{d}\beta$ 的导数估计为 $\bar{d}_1\dot{x}^{\mathrm{T}}(t)M_1\dot{x}(t) - \int_{t-d_1(t)}^{t}\dot{x}^{\mathrm{T}}(\alpha)M_1\dot{x}(\alpha)\mathrm{d}\alpha$ 和 $\bar{d}_2\dot{x}^{\mathrm{T}}(t)M_2\dot{x}(t) - \int_{t-d_1(t)-d_2(t)}^{t-d_1(t)}\dot{x}^{\mathrm{T}}(\alpha)M_2\dot{x}(\alpha)\mathrm{d}\alpha$ ，这会带来一定的保守性。在文献[16]中，时滞项 $d_1(t)$，$0 \leqslant d_1(t) \leqslant \bar{d}_1$ 放大为 $\bar{d}_1$，$d(t) - d_1(t)$ 缩放为 $\bar{d} - \bar{d}_1$。而且 $\bar{d} - d(t)$ 也放大为 $\bar{d}$。也就是，$\bar{d} = d_1(t) + (d(t) - d_1(t)) + (\bar{d} - d(t))$ 放大为 $2\bar{d}$。以上的缩放会导致较保守的结果。此外，文献[16，25]没有考虑参数不确定对系统稳定性的影响。

针对以上的讨论，本章研究了带多个连续时滞的不确定线性时变系统的稳定性，该系统不仅带有多个时滞而且系统的参数是不确定的。正如文献[16]所述，我们只考虑了系统状态向量带有两个连续时滞的情况，而且本章的思想可以很容易地推广到带多个连续时滞的线性系统中。

本章的组织结构如下：在第二节，提出了要研究的问题，并给出了一些预备知识；在第三节，分析了带两个连续累加时滞的线性时变系统的稳定性。在计算 Lyapunov 泛函导数时，通过充分考虑时滞函数与时滞上界之间的关系，得出了系统渐近稳定和鲁棒稳定与时滞相关的充分条件。所得稳定性条件以 LMI 的形式给出，易于验证[15]；在第四节，通过几个数值例子说明我们的结果具有较少的保守性；最后一节，对本章内容进行了总结。

2.2 问题的提出和预备知识

研究如下的带两个累加时变时滞的不确定连续系统：

$$\left.\begin{aligned}\dot{x}(t) &= (A + \Delta A)x(t) + (B + \Delta B)x(t - d_1(t) - d_2(t)) \\ x(t) &= \phi(t)\,, t \in [-h, 0],\end{aligned}\right\} \quad (2.1)$$

其中，$x(t) = [x_1(t), x_2(t), \cdots, x_t(t)]^{\mathrm{T}}$ 是系统在时间 t 的状态向量，$d_1(t)$ 和 $d_2(t)$ 分别表示两个状态时滞。定义 $d(t) = d_1(t) + d_2(t)$；A 和 B 为适当维数的系统矩阵。$\Delta A, \Delta B$ 表示模型中的参数不确定性。

为了得到本章的主要结论，假设以下条件满足：

假设条件 A. 时变时滞函数 $d_1(t)$ 与 $d_2(t)$ 满足：

$$0 \leqslant d_1(t) \leqslant h_1 < \infty, \quad 0 \leqslant d_2(t) \leqslant h_2 < \infty, \quad (2.2)$$

$$\dot{d}_1(t) \leqslant \tau_1 < \infty, \quad \dot{d}_2(t) \leqslant \tau_2 < \infty, \quad (2.3)$$

其中，h_1, h_2, τ_1 与 τ_2 为正常量。

假设条件 B. 参数不确定矩阵 $\Delta A, \Delta B$，假定它们是范数有界的，且具有以下形式：

$$[\Delta A \quad \Delta B] = HF(t)[E_a \quad E_b], \quad (2.4)$$

其中，H, E_a, E_b 为已知的适当维数常量矩阵。不确定矩阵 $F(t)$ 满足，

$$F^{\mathrm{T}}(t)F(t) \leqslant I, \ \forall t \in R. \quad (2.5)$$

在所有的时滞 $d_1(t)$ 和 $d_2(t)$ 都满足式（2.2）和式（2.3）的条件下，本节的目的是得到系统（2.1）新的稳定性条件。一个有效的方法是先将 $d_1(t)$ 和 $d_2(t)$ 合并成一个时滞 $d(t)$，且有

$$0 \leqslant d(t) \leqslant h < \infty, \quad (2.6)$$

$$\dot{d}(t) \leqslant \tau < \infty, \quad (2.7)$$

其中，$h = h_1 + h_2$，$\tau = \tau_1 + \tau_2$。

那么，系统（2.1）可写为：

$$\left.\begin{aligned}\dot{x}(t) &= (A + \Delta A)x(t) + (B + \Delta B)x(t - d(t)), \\ x(t) &= \phi(t)\,, t \in [-h, 0].\end{aligned}\right\} \quad (2.8)$$

利用一些现有的稳定性条件，系统（2.8）的稳定性可以很容易得到验证。但正如文献[16，25]所讨论，正因为这些方法没有充分利用 $d_1(t)$ 和 $d_2(t)$ 的信息，在某些情况下，就不可避免地带来保守性。

在给出主要结论之前，我们需要如下的引理：

引理 2.1. [Schur complement] 给定常量对称矩阵 Σ_1, Σ_2 与 Σ_3，其中 $\Sigma_1 = \Sigma_1^T$ 且 $0 < \Sigma_2 = \Sigma_2^T$，不等式 $\Sigma_1 + \Sigma_3^T \Sigma_2^{-1} \Sigma_3 < 0$ 成立，当且仅当

$$\begin{bmatrix} \Sigma_1 & \Sigma_3^T \\ \Sigma_3 & -\Sigma_2 \end{bmatrix} < 0, \quad or \quad \begin{bmatrix} -\Sigma_2 & \Sigma_3 \\ \Sigma_3^T & \Sigma_1 \end{bmatrix} < 0.$$

引理 2.2.[36] 设 D 和 N 为任意合适维数的实常量矩阵，矩阵 $F(t)$ 满足 $F^T(t)F(t) \le I$，那么下列不等式成立：

（i）对任意 $\varepsilon > 0, DF(t)N + N^T F^T(t) D^T \le \varepsilon^{-1} DD^T + \varepsilon N^T N.$

（ii）对任意 $P > 0, 2a^T b \le a^T P^{-1} a + b^T P b.$

2.3　主要结果

为了讨论具有不确定参数（2.4）的系统（2.1）的鲁棒稳定，首先，我们先研究矩阵 A 和 B 固定的情况，即 $\Delta A = 0$ 和 $\Delta B = 0$。针对这种情况，下面的定理成立。

定理 2.1 对于给定的常量 $h_1 > 0, h_2 > 0, \tau_1$ 和 τ，带时滞 $d_1(t)$ 与 $d_2(t)$ 的系统（2.1）是渐近稳定的，如果存在矩阵 $P > 0, Q_1 \ge Q_2 \ge 0$，

$R_1 \ge R_2 \ge 0, Z_1 \ge Z_2 > 0, Z_3 > 0, X = \begin{bmatrix} X_{11} & X_{12} & X_{13} \\ \star & X_{22} & X_{23} \\ \star & \star & X_{33} \end{bmatrix} \ge 0, Y = \begin{bmatrix} Y_{11} & Y_{12} & Y_{13} \\ \star & Y_{22} & Y_{23} \\ \star & \star & Y_{33} \end{bmatrix} \ge 0,$

$D = \begin{bmatrix} D_{11} & D_{12} & D_{13} \\ \star & D_{22} & D_{23} \\ \star & \star & D_{33} \end{bmatrix} \ge 0, K = \begin{bmatrix} K_1 \\ K_2 \\ K_3 \end{bmatrix}, L = \begin{bmatrix} L_1 \\ L_2 \\ L_3 \end{bmatrix}, M = \begin{bmatrix} M_1 \\ M_2 \\ M_3 \end{bmatrix}, N = \begin{bmatrix} N_1 \\ N_2 \\ N_3 \end{bmatrix}, 与 W = \begin{bmatrix} W_1 \\ W_2 \\ W_3 \end{bmatrix},$

满足下列的 LMIs 成立：

$$\Psi = \begin{bmatrix} \Psi_{11} & \Psi_{12} & \Psi_{13} & -M_1-N_1 & -W_1 & A^{\mathrm{T}}U \\ \star & \Psi_{22} & \Psi_{23} & -M_2-N_2 & -W_2 & 0 \\ \star & \star & \Psi_{33} & -M_3-N_3 & -W_3 & B^{\mathrm{T}}U \\ \star & \star & \star & -R_1 & 0 & 0 \\ \star & \star & \star & \star & -R_2 & 0 \\ \star & \star & \star & \star & \star & -U \end{bmatrix} < 0, \tag{2.9}$$

$$\Psi_1 = \begin{bmatrix} X & K \\ \star & Z_1 \end{bmatrix} \geqslant 0, \tag{2.10}$$

$$\Psi_2 = \begin{bmatrix} Y & L \\ \star & Z_2 \end{bmatrix} \geqslant 0, \tag{2.11}$$

$$\Psi_3 = \begin{bmatrix} Y & M \\ \star & Z_2 \end{bmatrix} \geqslant 0, \tag{2.12}$$

$$\Psi_4 = \begin{bmatrix} D & N \\ \star & Z_3 \end{bmatrix} \geqslant 0, \tag{2.13}$$

$$\Psi_5 = \begin{bmatrix} X-Y & W \\ \star & Z_1-Z_2 \end{bmatrix} \geqslant 0, \tag{2.14}$$

其中

$\Psi_{11} = PA + A^{\mathrm{T}}P + Q_1 + R_1 + R_2 + K_1 + K_1^{\mathrm{T}} + N_1 + N_1^{\mathrm{T}} + h_1 X_{11} + h_2 Y_{11} + h D_{11}$,

$\Psi_{12} = W_1 - K_1 + L_1 + K_2^{\mathrm{T}} + N_2^{\mathrm{T}} + h_1 X_{12} + h_2 Y_{12} + h D_{12}$,

$\Psi_{13} = PB - L_1 + M_1 + K_3^{\mathrm{T}} + N_3^{\mathrm{T}} + h_1 X_{13} + h_2 Y_{13} + h D_{13}$,

$\Psi_{22} = -(1-\tau_1)(Q_1-Q_2) + W_2 + W_2^{\mathrm{T}} - K_2 - K_2^{\mathrm{T}} + L_2 + L_2^{\mathrm{T}} + h_1 X_{22} + h_2 Y_{22} + h D_{22}$,

$\Psi_{23} = -L_2 + M_2 + W_3^{\mathrm{T}} - K_3^{\mathrm{T}} + L_3^{\mathrm{T}} + h_1 X_{23} + h_2 Y_{23} + h D_{23}$,

$\Psi_{33} = -(1-\tau)Q_2 - L_3 - L_3^{\mathrm{T}} + M_3 + M_3^{\mathrm{T}} + h_1 X_{33} + h_2 Y_{33} + h D_{33}$,

$U = h_1 Z_1 + h_2 Z_2 + h Z_3$.

证明： 构造如下的 Lyapunov-Krasvoskii 泛函：

$$V(x(t)) = V_1(x(t)) + V_2(x(t)) + V_3(x(t)), \tag{2.15}$$

$$V_1(x(t)) = x^{\mathrm{T}}(t)Px(t) + \int_{t-d_1(t)}^{t} x^{\mathrm{T}}(s)Q_1 x(s)\mathrm{d}s + \int_{t-d(t)}^{t-d_1(t)} x^{\mathrm{T}}(s)Q_2 x(s)\mathrm{d}s,$$

$$V_2(x(t)) = \int_{t-h}^{t} x^{\mathrm{T}}(s)R_1 x(s)\mathrm{d}s + \int_{t-h_1}^{t} x^{\mathrm{T}}(s)R_2 x(s)\mathrm{d}s,$$

$$V_3(x(t)) = \int_{-h_1}^{0}\int_{t+\theta}^{t}\dot{x}^{\mathrm{T}}(s)Z_1\dot{x}(s)\mathrm{d}s\mathrm{d}\theta + \int_{-h}^{-h_1}\int_{t+\theta}^{t}\dot{x}^{\mathrm{T}}(s)Z_2\dot{x}(s)\mathrm{d}s\mathrm{d}\theta +$$
$$\int_{-h}^{0}\int_{t+\theta}^{t}\dot{x}^{\mathrm{T}}(s)Z_3\dot{x}(s)\mathrm{d}s\mathrm{d}\theta.$$

根据 Leibniz-Newton 公式，对任意具有合适维数的矩阵 W, K, L, M 和 N，下列等式成立：

$$2\Big[x^{\mathrm{T}}(t)W_1 + x^{\mathrm{T}}(t-d_1(t))W_2 + x^{\mathrm{T}}(t-d(t))W_3\Big]\Big[x(t-d_1(t)) - x(t-h_1) - \int_{t-h_1}^{t-d_1(t)}\dot{x}(s)\mathrm{d}s\Big] = 0,$$
$$(2.16)$$

$$2\Big[x^{\mathrm{T}}(t)K_1 + x^{\mathrm{T}}(t-d_1(t))K_2 + x^{\mathrm{T}}(t-d(t))K_3\Big]\Big[x(t) - x(t-d_1(t)) - \int_{t-d_1(t)}^{t}\dot{x}(s)\mathrm{d}s\Big] = 0,$$
$$(2.17)$$

$$2\Big[x^{\mathrm{T}}(t)L_1 + x^{\mathrm{T}}(t-d_1(t))L_2 + x^{\mathrm{T}}(t-d(t))L_3\Big]\Big[x(t-d_1(t)) - x(t-d(t)) - \int_{t-d(t)}^{t-d_1(t)}\dot{x}(s)\mathrm{d}s\Big] = 0,$$
$$(2.18)$$

$$2\Big[x^{\mathrm{T}}(t)M_1 + x^{\mathrm{T}}(t-d_1(t))M_2 + x^{\mathrm{T}}(t-d(t))M_3\Big]\Big[x(t-d(t)) - x(t-h) - \int_{t-h}^{t-d(t)}\dot{x}(s)\mathrm{d}s\Big] = 0,$$
$$(2.19)$$

$$2\Big[x^{\mathrm{T}}(t)N_1 + x^{\mathrm{T}}(t-d_1(t))N_2 + x^{\mathrm{T}}(t-d(t))N_3\Big]\Big[x(t) - x(t-h) - \int_{t-h}^{t}\dot{x}(s)\mathrm{d}s\Big] = 0.$$
$$(2.20)$$

显然，根据文献 [22]，对任意适维矩阵 $X = X^{\mathrm{T}} \geqslant 0$，$Y = Y^{\mathrm{T}} \geqslant 0$ 和 $D = D^{\mathrm{T}} \geqslant 0$，下列等式也成立：

$$\int_{t-h_1}^{t}\eta^{\mathrm{T}}(t)X\eta(t)\mathrm{d}s - \int_{t-h_1}^{t}\eta^{\mathrm{T}}(t)X\eta(t)\mathrm{d}s$$
$$= h_1\eta^{\mathrm{T}}(t)X\eta(t) - \int_{t-h_1}^{t-d_1(t)}\eta^{\mathrm{T}}(t)X\eta(t)\mathrm{d}s - \int_{t-d_1(t)}^{t}\eta^{\mathrm{T}}(t)X\eta(t)\mathrm{d}s = 0, \quad (2.21)$$

$$\int_{t-h}^{t-h_1}\eta^{\mathrm{T}}(t)Y\eta(t)\mathrm{d}s - \int_{t-h}^{t-h_1}\eta^{\mathrm{T}}(t)Y\eta(t)\mathrm{d}s$$
$$= h_2\eta^{\mathrm{T}}(t)Y\eta(t) - \int_{t-h}^{t-d(t)}\eta^{\mathrm{T}}(t)Y\eta(t)\mathrm{d}s - \int_{t-d(t)}^{t-d_1(t)}\eta^{\mathrm{T}}(t)Y\eta(t)\mathrm{d}s -$$
$$\int_{t-d_1(t)}^{t-h_1}\eta^{\mathrm{T}}(t)Y\eta(t)\mathrm{d}s = 0,$$
$$(2.22)$$

$$\int_{t-h}^{t} \eta^{\mathrm{T}}(t) D \eta(t) \mathrm{d}s - \int_{t-h}^{t} \eta^{\mathrm{T}}(t) D \eta(t) \mathrm{d}s$$

$$= h \eta^{\mathrm{T}}(t) D \eta(t) - \int_{t-h}^{t} \eta^{\mathrm{T}}(t) D \eta(t) \mathrm{d}s = 0, \qquad (2.23)$$

其中， $\eta(t) = \left[x^{\mathrm{T}}(t), \quad x^{\mathrm{T}}(t-d_1(t)), \quad x^{\mathrm{T}}(t-d(t)) \right]^{\mathrm{T}}$ 。

求解泛函 $V(x(t))$ 沿着系统（2.1）的解的导数：

$$\begin{aligned}
\dot{V}_1(x(t)) \leqslant & 2x^{\mathrm{T}}(t) P A x(t) + 2x^{\mathrm{T}}(t) P B x(t-d(t)) + x^{\mathrm{T}}(t) Q_1 x(t) - \\
& (1-\tau) x^{\mathrm{T}}(t-d(t)) Q_2 x(t-d(t)) - \\
& (1-\tau_1) x^{\mathrm{T}}(t-d_1(t))(Q_1 - Q_2) x(t-d_1(t)),
\end{aligned} \qquad (2.24)$$

$$\begin{aligned}
\dot{V}_2(x(t)) = & x^{\mathrm{T}}(t)(R_1 + R_2) x(t) - x^{\mathrm{T}}(t-h) R_1 x(t-h) - \\
& x^{\mathrm{T}}(t-h_1) R_2 x(t-h_1),
\end{aligned} \qquad (2.25)$$

$$\begin{aligned}
\dot{V}_3(x(t)) = & \dot{x}^{\mathrm{T}}(t)(h_1 Z_1 + h_2 Z_2 + h Z_3) \dot{x}(t) - \int_{t-h_1}^{t} \dot{x}^{\mathrm{T}}(s) Z_1 \dot{x}(s) \mathrm{d}s - \\
& \int_{t-h}^{t-h_1} \dot{x}^{\mathrm{T}}(s) Z_2 \dot{x}(s) \mathrm{d}s - \int_{t-h}^{t} \dot{x}^{\mathrm{T}}(s) Z_3 \dot{x}(s) \mathrm{d}s.
\end{aligned} \qquad (2.26)$$

合并式（2.24）~ 式（2.26），并利用式（2.16）~ 式（2.23），泛函 $V(x(t))$ 的导数可以用下列不等式描述：

$$\begin{aligned}
\dot{V}(x(t)) \leqslant & \xi^{\mathrm{T}}(t) \left[\Pi + \overline{A}^{\mathrm{T}}(h_1 Z_1 + h_2 Z_2 + h Z_3) \overline{A} \right] \xi(t) - \int_{t-h_1}^{t-d_1(t)} \dot{x}^{\mathrm{T}}(s)(Z_1 - Z_2) \dot{x}(s) \mathrm{d}s - \\
& \int_{t-d_1(t)}^{t} \dot{x}^{\mathrm{T}}(s) Z_1 \dot{x}(s) \mathrm{d}s - \int_{t-h}^{t-d(t)} \dot{x}^{\mathrm{T}}(s) Z_2 \dot{x}(s) \mathrm{d}s - \int_{t-d(t)}^{t-d_1(t)} \dot{x}^{\mathrm{T}}(s) Z_2 \dot{x}(s) \mathrm{d}s - \\
& \int_{t-h}^{t} \dot{x}^{\mathrm{T}}(s) Z_3 \dot{x}(s) \mathrm{d}s - \int_{t-d_1(t)}^{t} \eta^{\mathrm{T}}(t) X \eta(t) \mathrm{d}s - \int_{t-d(t)}^{t-d_1(t)} \eta^{\mathrm{T}}(t) Y \eta(t) \mathrm{d}s - \\
& \int_{t-h}^{t-d(t)} \eta^{\mathrm{T}}(t) Y \eta(t) \mathrm{d}s - \int_{t-h}^{t} \eta^{\mathrm{T}}(t) D \eta(t) \mathrm{d}s - \int_{t-h_1}^{t-d_1(t)} \eta^{\mathrm{T}}(t)(X-Y) \eta(t) \mathrm{d}s \\
\leqslant & \xi^{\mathrm{T}}(t) \left[\Pi + \overline{A}^{\mathrm{T}}(h_1 Z_1 + h_2 Z_2 + h Z_3) \overline{A} \right] \xi(t) - \int_{t-d_1(t)}^{t} \varsigma^{\mathrm{T}}(t,s) \Psi_1 \varsigma(t,s) \mathrm{d}s - \\
& \int_{t-d(t)}^{t-d_1(t)} \varsigma^{\mathrm{T}}(t,s) \Psi_2 \varsigma(t,s) \mathrm{d}s - \int_{t-h}^{t-d(t)} \varsigma^{\mathrm{T}}(t,s) \Psi_3 \varsigma(t,s) \mathrm{d}s - \\
& \int_{t-h}^{t} \varsigma^{\mathrm{T}}(t,s) \Psi_4 \varsigma(t,s) \mathrm{d}s - \int_{t-h_1}^{t-d_1(t)} \varsigma^{\mathrm{T}}(t,s) \Psi_5 \varsigma(t,s) \mathrm{d}s,
\end{aligned} \qquad (2.27)$$

其中

$$\xi^{\mathrm{T}}(t) = [x^{\mathrm{T}}(t) \quad x^{\mathrm{T}}(t-d_1(t)) \quad x^{\mathrm{T}}(t-d(t)) \quad x^{\mathrm{T}}(t-h) \quad x^{\mathrm{T}}(t-h_1)],$$

$$\varsigma(t,s) = [x^{\mathrm{T}}(t) \quad x^{\mathrm{T}}(t-d_1(t)) \quad x^{\mathrm{T}}(t-d(t)) \quad \dot{x}^{\mathrm{T}}(t)]^{\mathrm{T}},$$

$$\Pi = \begin{bmatrix} \Psi_{11} & \Psi_{12} & \Psi_{13} & -M_1-N_1 & -W_1 \\ \star & \Psi_{22} & \Psi_{23} & -M_2-N_2 & -W_2 \\ \star & \star & \Psi_{33} & -M_3-N_3 & -W_3 \\ \star & \star & \star & -R_1 & 0 \\ \star & \star & \star & \star & -R_2 \end{bmatrix},$$

$\Psi_{ij}, i,j=1,2,3$，已在定理 2.1 中定义，且 $\bar{A}=[A \quad 0 \quad B \quad 0 \quad 0]$。

由于 $Z_i > 0, i=1,2,3$，当 $\Psi_i \geqslant 0, i=1,2,\cdots,5$ 时，那么式（2.27）的最后 5 项是小于零的。所以，如果下列不等式成立，

$$\dot{V}(x(t)) \leqslant \xi^{\mathrm{T}}(t)[\Pi + \bar{A}^{\mathrm{T}}(h_1 Z_1 + h_2 Z_2 + h Z_3)\bar{A}]\xi(t) < 0,$$

根据 Schur 补，以上不等式与式（2.9）等价，对于一个充分小的数 $\varepsilon > 0$，我们就有 $\dot{V}(x(t)) < -\varepsilon \|x(t)\|^2$，$x(t) \neq 0$。这就意味着系统（2.1）是渐近稳定的[18]。证毕。

注 2.1　本章的定理 2.1 给出了带两个累加时变时滞的连续系统的稳定性条件。该稳定性条件是通过定义一个新的 Lyapunov-Krasovskii 泛函得到的，该泛函充分利用了 $d_1(t)$ 和 $d_2(t)$ 的信息。

注 2.2　在本章中，$d_1(t),d(t)-d_1(t),h-d(t)$ 并不是简单的缩放为 h_1，$h-h_1$ 和 h。相反，考虑了 $d_1(t)+(h_1-d_1(t))=h_1$，$(h-d(t))+(d(t)-d_1(t))-(h_1-d_1(t))=h-h_1$ 以及 $d(t)+(h-d(t))=h$ 这样的关系。此外，在计算 $V(x(t))$ 的导数时，我们没有省略任何有用的项。

对于时滞的导数未知的情况，通过设 $Q_1=Q_2=0$，定理 2.1 可以得到一个导数无关的稳定性判据。

推论 2.1　对于给定的常量 $h_1 > 0$ 和 $h_2 > 0$，带时滞 $d_1(t)$ 与 $d_2(t)$ 的系统（2.1）是渐近稳定的，如果存在矩阵 $P > 0, R_1 \geqslant R_2 \geqslant 0, Z_1 \geqslant Z_2 > 0, Z_3 > 0$，

$$X = \begin{bmatrix} X_{11} & X_{12} & X_{13} \\ \star & X_{22} & X_{23} \\ \star & \star & X_{33} \end{bmatrix} \geqslant 0, \quad Y = \begin{bmatrix} Y_{11} & Y_{12} & Y_{13} \\ \star & Y_{22} & Y_{23} \\ \star & \star & Y_{33} \end{bmatrix} \geqslant 0, \quad D = \begin{bmatrix} D_{11} & D_{12} & D_{13} \\ \star & D_{22} & D_{23} \\ \star & \star & D_{33} \end{bmatrix} \geqslant 0,$$

$$L = \begin{bmatrix} L_1 \\ L_2 \\ L_3 \end{bmatrix}, K = \begin{bmatrix} K_1 \\ K_2 \\ K_3 \end{bmatrix}, M = \begin{bmatrix} M_1 \\ M_2 \\ M_3 \end{bmatrix}, N = \begin{bmatrix} N_1 \\ N_2 \\ N_3 \end{bmatrix}, 和 W = \begin{bmatrix} W_1 \\ W_2 \\ W_3 \end{bmatrix}, 满足下列 LMIs（2.28）$$

及式（2.10）~式（2.14）成立：

$$\Psi = \begin{bmatrix} \Psi_{11} & \Psi_{12} & \Psi_{13} & -M_1 - N_1 & -W_1 & A^\mathrm{T}U \\ \star & \tilde{\Psi}_{22} & \Psi_{23} & -M_2 - N_2 & -W_2 & 0 \\ \star & \star & \tilde{\Psi}_{33} & -M_3 - N_3 & -W_3 & B^\mathrm{T}U \\ \star & \star & \star & -R_1 & 0 & 0 \\ \star & \star & \star & \star & -R_2 & 0 \\ \star & \star & \star & \star & \star & -U \end{bmatrix} < 0, \qquad （2.28）$$

其中

$$\tilde{\Psi}_{22} = W_2 + W_2^\mathrm{T} - K_2 - K_2^\mathrm{T} + L_2 + L_2^\mathrm{T} + h_1 X_{22} + h_2 Y_{22} + h D_{22},$$

$$\tilde{\Psi}_{33} = -L_3 - L_3^\mathrm{T} + M_3 + M_3^\mathrm{T} + h_1 X_{33} + h_2 Y_{33} + h D_{33},$$

其他符号定义参照定理 2.1。

　　下面的结果给出了不确定系统的鲁棒稳定性判断条件。

　　定理 2.2　对于给定的常量 $h_1 > 0, h_2 > 0, \tau_1$ 和 τ ，带时滞 $d_1(t)$ 与 $d_2(t)$ 的不确定系统 (2.1) 是鲁棒稳定的，如果存在矩阵 $P > 0, Q_1 \geqslant Q_2 \geqslant 0$,

$$R_1 \geqslant R_2 \geqslant 0, Z_1 \geqslant Z_2 > 0, Z_3 > 0, X = \begin{bmatrix} X_{11} & X_{12} & X_{13} \\ \star & X_{22} & X_{23} \\ \star & \star & X_{33} \end{bmatrix} \geqslant 0, \ Y = \begin{bmatrix} Y_{11} & Y_{12} & Y_{13} \\ \star & Y_{22} & Y_{23} \\ \star & \star & Y_{33} \end{bmatrix} \geqslant 0,$$

$$D = \begin{bmatrix} D_{11} & D_{12} & D_{13} \\ \star & D_{22} & D_{23} \\ \star & \star & D_{33} \end{bmatrix} \geqslant 0, K = \begin{bmatrix} K_1 \\ K_2 \\ K_3 \end{bmatrix}, L = \begin{bmatrix} L_1 \\ L_2 \\ L_3 \end{bmatrix}, M = \begin{bmatrix} M_1 \\ M_2 \\ M_3 \end{bmatrix}, N = \begin{bmatrix} N_1 \\ N_2 \\ N_3 \end{bmatrix}, W = \begin{bmatrix} W_1 \\ W_2 \\ W_3 \end{bmatrix}, 和$$

两个正常量 $\varepsilon_i, i = 1, 2$，满足下列 LMIs（2.29）及式（2.10）~式（2.14）成立：

$$\begin{bmatrix} \Xi_{11} & \Xi_{12} & \Xi_{13} & -M_1 - N_1 & -W_1 & A^\mathrm{T}U & PH & 0 \\ \star & \Xi_{22} & \Xi_{23} & -M_2 - N_2 & -W_5 & 0 & 0 & 0 \\ \star & \star & \Xi_{33} & -M_3 - N_3 & -W_3 & B^\mathrm{T}U & 0 & 0 \\ \star & \star & \star & -R_1 & 0 & 0 & 0 & 0 \\ \star & \star & \star & \star & -R_2 & 0 & 0 & 0 \\ \star & \star & \star & \star & \star & -U & 0 & U^\mathrm{T}H \\ \star & \star & \star & \star & \star & \star & -\varepsilon_1 I & 0 \\ \star & \star & \star & \star & \star & \star & \star & -\varepsilon_2 I \end{bmatrix} < 0, \qquad （2.29）$$

其中

$$\Xi_{11} = PA + A^{\mathrm{T}}P + Q_1 + R_1 + R_2 + K_1 + K_1^{\mathrm{T}} + N_1 + N_1^{\mathrm{T}} + h_1 X_{11} + h_2 Y_{11} +$$
$$hD_{11} + (\varepsilon_1 + \varepsilon_2)E_a^{\mathrm{T}}E_a,$$

$$\Xi_{12} = W_1 - K_1 + L_1 + K_2^{\mathrm{T}} + N_2^{\mathrm{T}} + h_1 X_{12} + h_2 Y_{12} + hD_{12},$$

$$\Xi_{13} = PB - L_1 + M_1 + K_3^{\mathrm{T}} + N_3^{\mathrm{T}} + h_1 X_{13} + h_2 Y_{13} + hD_{13} + (\varepsilon_1 + \varepsilon_2)E_a^{\mathrm{T}}E_b,$$

$$\Xi_{22} = -(1-\tau_1)(Q_1 - Q_2) + W_2 + W_2^{\mathrm{T}} - K_2 - K_2^{\mathrm{T}} + L_2 + L_2^{\mathrm{T}} + h_1 X_{22} + h_2 Y_{22} + hD_{22},$$

$$\Xi_{23} = -L_2 + M_2 + W_3^{\mathrm{T}} - K_3^{\mathrm{T}} + L_3^{\mathrm{T}} + h_1 X_{23} + h_2 Y_{23} + hD_{23},$$

$$\Xi_{33} = -(1-\tau)Q_2 - L_3 - L_3^{\mathrm{T}} + M_3 + M_3^{\mathrm{T}} + h_1 X_{33} + h_2 Y_{33} + hD_{33} + (\varepsilon_1 + \varepsilon_2)E_b^{\mathrm{T}}E_b,$$

$$U = h_1 Z_1 + h_2 Z_2 + hZ_3.$$

证明：根据引理 2.1，系统是鲁棒渐近稳定的，如果下面的不等式成立：

$$\Psi + \Omega_1 F(t)\Omega_2^{\mathrm{T}} + \Omega_2 F(t)\Omega_1^{\mathrm{T}} + \Omega_3 F(t)\Omega_4^{\mathrm{T}} + \Omega_4 F(t)\Omega_4^{\mathrm{T}} < 0, \quad\quad （2.30）$$

其中

$$\Omega_1 = \begin{bmatrix} H^{\mathrm{T}}P & 0 & 0 & 0 & 0 & 0 & 0 & 0 & 0 & 0 & 0 \end{bmatrix}^{\mathrm{T}},$$

$$\Omega_2 = \begin{bmatrix} E_a & 0 & E_b & 0 & 0 & 0 & 0 & 0 & 0 & 0 & 0 \end{bmatrix}^{\mathrm{T}},$$

$$\Omega_3 = \begin{bmatrix} 0 & 0 & 0 & 0 & 0 & 0 & 0 & 0 & 0 & 0 & H^{\mathrm{T}}U \end{bmatrix}^{\mathrm{T}},$$

$$\Omega_4 = \begin{bmatrix} E_a & 0 & E_b & 0 & 0 & 0 & 0 & 0 & 0 & 0 & 0 \end{bmatrix}^{\mathrm{T}}.$$

根据引理 2.2（i），不等式（2.30）成立，如果下列不等式满足：

$$\Psi + \varepsilon_1^{-1}\Omega_1\Omega_1^{\mathrm{T}} + \varepsilon_1\Omega_2\Omega_2^{\mathrm{T}} + \varepsilon_2^{-1}\Omega_3\Omega_3^{\mathrm{T}} + \varepsilon_2\Omega_4\Omega_4^{\mathrm{T}} \equiv \Psi + \Omega$$

$$= \Psi + \begin{bmatrix} \varepsilon_1^{-1}PHH^{\mathrm{T}}P + (\varepsilon_1 + \varepsilon_2)E_a^{\mathrm{T}}E_a, & 0 & (\varepsilon_1 + \varepsilon_2)E_a^{\mathrm{T}}E_b & 0 & \cdots & 0 & 0 \\ \star & 0 & 0 & 0 & \cdots & 0 & 0 \\ \star & \star & (\varepsilon_1 + \varepsilon_2)E_b^{\mathrm{T}}E_b & 0 & \cdots & 0 & 0 \\ \star & \star & \star & 0 & \cdots & 0 & 0 \\ \star & \star & \star & \star & \ddots & 0 & 0 \\ \star & \star & \star & \star & \star & 0 & 0 \\ \star & \star & \star & \star & \star & \star & \varepsilon_2^{-1}U^{\mathrm{T}}HH^{\mathrm{T}}U \end{bmatrix} < 0,$$

$$（2.31）$$

其中，$\varepsilon_1 > 0, \varepsilon_2 > 0$。

根据引理 2.1，不等式（2.31）与式（2.29）等价。因此，如果式（2.29）及式（2.10）~式（2.14）成立，系统（2.1）是鲁棒渐近稳定的。这就完成了证明。

基于定理 2.2，通过设 $Q_1 = Q_2 = 0$，我们得到了推论 2.2。

推论 2.2 对于给定的常量 $h_1 > 0, h_2 > 0$，带有时滞 $d_1(t)$ 与 $d_2(t)$ 的不确定系统（2.1）是鲁棒稳定的，如果存在矩阵 $P > 0, R_1 \geq R_2 \geq 0, Z_1 \geq Z_2 > 0$，

$$Z_3 > 0, \ X = \begin{bmatrix} X_{11} & X_{12} & X_{13} \\ \star & X_{22} & X_{23} \\ \star & \star & X_{33} \end{bmatrix} \geq 0, \ Y = \begin{bmatrix} Y_{11} & Y_{12} & Y_{13} \\ \star & Y_{22} & Y_{23} \\ \star & \star & Y_{33} \end{bmatrix} \geq 0, \ D = \begin{bmatrix} D_{11} & D_{12} & D_{13} \\ \star & D_{22} & D_{23} \\ \star & \star & D_{33} \end{bmatrix} \geq 0,$$

$$K = \begin{bmatrix} K_1 \\ K_2 \\ K_3 \end{bmatrix}, \ L = \begin{bmatrix} L_1 \\ L_2 \\ L_3 \end{bmatrix}, \ M = \begin{bmatrix} M_1 \\ M_2 \\ M_3 \end{bmatrix}, \ N = \begin{bmatrix} N_1 \\ N_2 \\ N_3 \end{bmatrix}, \ W = \begin{bmatrix} W_1 \\ W_2 \\ W_3 \end{bmatrix},$$ 和两个正常量 $\varepsilon_i, i = 1, 2$，满

足下列 LMIs（2.32）及式（2.10）~式（2.14）成立：

$$\begin{bmatrix} \Xi_{11} & \Xi_{12} & \Xi_{13} & -M_1 - N_1 & -W_1 & A^{\mathrm{T}}U & PH & 0 \\ \star & \tilde{\Xi}_{22} & \Xi_{23} & -M_2 - N_2 & -W_5 & 0 & 0 & 0 \\ \star & \star & \tilde{\Xi}_{33} & -M_3 - N_3 & -W_3 & B^{\mathrm{T}}U & 0 & 0 \\ \star & \star & \star & -R_1 & 0 & 0 & 0 & 0 \\ \star & \star & \star & \star & -R_2 & 0 & 0 & 0 \\ \star & \star & \star & \star & \star & -U & 0 & U^{\mathrm{T}}H \\ \star & \star & \star & \star & \star & \star & -\varepsilon_1 I & 0 \\ \star & \star & \star & \star & \star & \star & \star & -\varepsilon_2 I \end{bmatrix} < 0, \quad （2.32）$$

其中

$$\tilde{\Xi}_{22} = W_2 + W_2^{\mathrm{T}} - K_2 - K_2^{\mathrm{T}} + L_2 + L_2^{\mathrm{T}} + h_1 X_{22} + h_2 Y_{22} + h D_{22},$$

$$\tilde{\Xi}_{33} = -L_3 - L_3^{\mathrm{T}} + M_3 + M_3^{\mathrm{T}} + h_1 X_{33} + h_2 Y_{33} + h D_{33} + (\varepsilon_1 + \varepsilon_2) E_b^{\mathrm{T}} E_b,$$

其他符号定义参见定理 2.2。

注 2.3 尽管我们仅研究了带两个累加时滞的连续系统，但本章所得到的结果可以很容易地扩展到带多个时滞和随机干扰的不确定系统中，即

$$\mathrm{d}x(t) = \left[(A + \Delta A)x(t) + (B + \Delta B)x\left(t - \sum_{i=2}^{n} d_i(t)\right) \right] \mathrm{d}t +$$

$$\left[(C + \Delta C)x(t) + (D + \Delta D)x\left(t - \sum_{i=2}^{n} d_i(t)\right) \right] \mathrm{d}\omega(t).$$

2.4 数值实例

在这节中，我们将用两个例子来说明本章的主要结论。

例 2.1 研究文献[14，23]所考虑的时滞系统，其参数如下：

$$A = \begin{bmatrix} -2 & 0 \\ 0 & -0.9 \end{bmatrix}, \quad B = \begin{bmatrix} -1 & 0 \\ -1 & -1 \end{bmatrix}, \quad \Delta A = 0, \ \Delta B = 0.$$

假定

$$\dot{d}_1(t) \leqslant 0.1, \quad \dot{d}_2(t) \leqslant 0.8 \text{。}$$

我们的目的是在已知 $d_1(t)$ 或 $d_2(t)$ 的情况下，找到使得系统渐近稳定的另一个时滞的 $d_1(t)$ 的上界 h_1 或 $d_2(t)$ 的上界 h_2。通过将两个时滞合并，现有的一些理论结果可以应用在本例中。表 2.1 列出了本章的定理 2.1、文献[25]的定理 1、文献[20]的定理 1、文献[30]的定理 2、文献[23]的定理 1、文献[26]的定理 3.2 以及文献[14]的定理 1 在不同条件下的计算结果，其中"_____"表示在相应条件下，没有取得可行解。显然，定理 2.1 所得到的结果优于文献[14，16，20，23，25，26，30]的结果。

表 2.1 对于不同的情况，时滞的可允许的上界

Table 2.1 Calculated delay bounds for different cases

	Delay bound of h_2 for given h_1				Delay bound of h_1 for given h_2		
	$h_1 = 1$	$h_1 = 1.1$	$h_1 = 1.2$	$h_1 = 1.5$	$h_2 = 0.3$	$h_2 = 0.4$	$h_2 = 0.5$
[26]	—	—	—		—	—	—
[30][23][14]	0.180	0.080			0.880	0.780	0.680
[20]	0.378	0.278	0.178		1.078	0.978	0.878
[25]	0.415	0.376	0.340	0.248	1.324	1.039	0.806
[16]	0.512	0.457	0.406	0.283	1.453	1.214	1.021
Theorem 2.1	0.872	0.772	0.672	0.371	1.572	1.472	1.372

例 2.2 考虑上例具有参数不确定影响的情况：

$$A = \begin{bmatrix} -2 & 0 \\ 0 & -0.9 \end{bmatrix}, \quad B = \begin{bmatrix} -1 & 0 \\ -1 & -1 \end{bmatrix}, \quad E_a = \begin{bmatrix} 0.6 & 0 \\ 0 & 0.05 \end{bmatrix}, \quad E_b = \begin{bmatrix} 0.1 & 0 \\ 0 & 0.3 \end{bmatrix}, \quad H = I.$$

$$\dot{d}_1(t) \leqslant 0.1, \quad \dot{d}_2(t) \leqslant 0.8.$$

表 2.2 列出了本章的定理 2.2、文献[20]的推论 1、文献[30]的定理 4 以及文献[11]的推论 1 在不同条件下的计算结果。通过表 2.2，可以看出定理 2.2 得到了比使用单一时滞方法更少保守性的结果，证明了本章结果的有效性。

表 2.2 对于不同的情况，时滞的可允许的上界

Table 2.2 Calculated delay bounds for different cases

	Delay bound of h_2 for given h_1			Delay bound of h_1 for given h_2		
	$h_1 = 0.1$	$h_1 = 0.2$	$h_1 = 0.5$	$h_2 = 0.1$	$h_2 = 0.2$	$h_2 = 0.3$
[30][11]	0.624	0.524	0.224	0.624	0.524	0.424
[20]	0.752	0.652	0.352	0.752	0.652	0.552
Theorem 2.2	1.771	1.671	1.372	1.770	1.672	1.571

2.5 本章小结

在本章，研究了一类具有两个连续时滞的不确定系统的稳定性问题。在计算 Lyapunov 泛函导数时，通过考虑时滞与时滞上界之间的关系，得出了一些新的鲁棒稳定和渐近稳定判断准则。最后，仿真结果表明，本章所提出的稳定性判断准则比文献[11，14，16，20，23，25，26，30]所给出的稳定性结果具有更少的保守性。

本章内容已发表在国际刊物 Applied Mathematical Modelling。

3 时变时滞神经网络与时滞区间相关的稳定性

本章研究了一类时变时滞神经网络平衡点与时滞区间相关的稳定性。通过构建适当的 Lyapunov-Krasovskii 泛函和引入自由权值矩阵，得到了与时滞区间相关的时变时滞神经网络平衡点的全局渐近稳定性和鲁棒稳定性的几个充分条件。

3.1 引 言

近 20 年来，时滞神经网络的研究吸引了大批的研究人员，对稳定性的研究也取得了大量成果[91-106]。在文献[97-106]中，时滞为一个时变函数，且包含在时滞区间内，即 $0 \leqslant \tau(t) < \overline{\tau}$。然而，对于许多具有实际意义的系统，时滞的下界并不一定为 0，即时滞均包含在一个有界的区间 $[\underline{\tau}, \overline{\tau}]$ 内，其中 $\underline{\tau} > 0$ 是区间的下界。例如，在一个燃烧系统中的热声不稳定性，在加工中颤振不稳定性等。在过去，只有少量的研究人员研究了这个问题，主要集中在对线性系统的研究[108-111]。目前，我们注意到已有关于带区间时滞的神经网络的研究结果[22, 112-115]。文献[22]通过考虑时滞与其上界、下界的关系，研究了神经网络的时滞区间渐近稳定性。文献[113]研究了带区间时变时滞的不确定神经网络的鲁棒稳定性问题，得到了一些稳定性判断准则。但值得指出的是，文献[113]的结果具有较大的保守性，这源于其在计算 Lyapunov-Krasovskii 泛函导数时，使用不等式来估计交叉项的上限。文献[114-115]通过随机分析方法，研究了一类带区间时变时滞的随机神经网络的稳定性问题。

另外，对一个预先设计好的系统，由于模型误差、外部扰动和实现时出现的参数波动等不可避免的不确定因素，它的稳定性常常会被破坏。这样，我们在设计系统时必须考虑系统的鲁棒稳定性。最近，参数不确定神经网络的稳定性分析也取得了很多的研究成果[114-118]。

在本章，我们将着重研究带区间时滞的神经网络的平衡点的鲁棒稳定性和渐近稳定性。通过充分考虑时滞的上下界关系，得到了几个时滞区间相关的稳定性判断条件。用 3 个仿真实例作为对得到的稳定性结果的应用，验证所得结果的有效性。

3.2　问题的描述

考虑下列带区间时变时滞和参数不确定的神经网络：

$$\dot{u}(t) = -(C + \Delta C)u(t) + (A + \Delta A)g(u(t)) + (B + \Delta B)g(u(t - d(t))) + I, \quad （3.1）$$

其中，$u(t) = [u_1(t), u_2(t), \cdots, u_t(t)]^{\mathrm{T}}$ 是状态向量，$C = \mathrm{diag}[c_1, c_2, \cdots, c_n] > 0$ 是一个正定对角矩阵，表示神经元的衰减率，$A = (a_{ij})_{n \times n}$，和 $B = (b_{ij})_{n \times n}$ 分别表示连接权和时滞连接权的常数矩阵。$g(u(t)) = [g_1(u_1(t)), g_2(u_2(t)), \cdots, g_n(u_n(t))]^{\mathrm{T}}$ 表示系统（3.1）的激活函数，且 $g(0) = 0$，在 R^n 上连续，$I = [I_1, I_2, \cdots, I_n]^{\mathrm{T}}$ 表示外部输入向量，$\Delta C, \Delta A, \Delta B$ 为系统的不确定参数矩阵，满足范数有界的条件。

假设条件 A. 时变时滞函数 d(t) 满足：

$$0 \leqslant h_1 \leqslant d(t) \leqslant h_2, \quad （3.2）$$

$$\dot{d}(t) \leqslant \tau \quad （3.3）$$

其中，h_1, h_2, τ 是正常量。

注 3.1 显然，当 $\tau = 0$ 且 $h_1 = h_2$ 时，$d(t)$ 为常时滞。当 $h_1 = 0$ 时，这表明 $0 \leqslant d(t) \leqslant h_2$，这种情况正是大多数文献所讨论的。

假设条件 B. 不确定参数矩阵 $\Delta C, \Delta A, \Delta B$ 满足：

$$[\Delta C \quad \Delta A \quad \Delta B] = HF(t)[E_c \quad E_a \quad E_b], \quad （3.4）$$

其中，H, E_c, E_a, E_b 是已知的适维常量矩阵。不确定矩阵 $F(t)$ 满足，

$$F^{\mathrm{T}}(t)F(t) \leqslant I, \quad \forall t \in R. \quad （3.5）$$

在本章中，假设激活函数均满足下面条件：

（H1）$0 \leqslant \dfrac{g_i(x) - g_i(y)}{x - y} \leqslant l, \ \forall x, y \in R^n, x \neq y, \ i = 1, 2, \cdots, n,$

假设 u^* 是系统（3.1））的平衡点。通常，我们利用变换 $x(\cdot) = u(\cdot) - u^*$ 将这个平衡点转移到原点，这时系统（3.1）可改写为

$$\dot{x}(t) = -(C + \Delta C)x(t) + (A + \Delta A)f(x(t)) + (B + \Delta B)f(x(t - d(t))), \quad （3.6）$$

其中

$$f(x(t)) = f_1(x_1(t)), f_2(x_2(t)), \cdots, f_n(x_n(t))]^{\mathrm{T}},$$

$$f_j(x_j((t)) = g_j(x_j(t) + u_j^*) - g_j(u_j^*), j = 1, 2, \cdots, n.$$

通过观察可知，函数 $f(\cdot)$ 满足条件（H1）等价于

$$f_i(x_i)[f_i(x_i) - lx_i] \leqslant 0. \quad （3.7）$$

3.3 带区间时变时滞神经网络的渐近稳定性

定理 3.1 时滞神经网络（3.6）是全局渐近稳定的，如果对任意的 $0 \leqslant h_1 \leqslant d(t) \leqslant h_2$，以及 τ，如果存在矩阵 $P > 0, Q_r = Q_r^{\mathrm{T}} \geqslant 0, r = 1, 2, 3, 4,$ $Z_j = Z_j^{\mathrm{T}} > 0, j = 1, 2,$ 正定对角矩阵 $K = diag\{k_1, k_2, \cdots, k_i\}, i = 1, 2, \cdots, n,$ 常数矩阵 $N = \left[N_1^{\mathrm{T}}\ N_2^{\mathrm{T}}\ N_3^{\mathrm{T}}\ N_4^{\mathrm{T}}\ N_5^{\mathrm{T}}\ N_6^{\mathrm{T}}\right]^{\mathrm{T}}, S = \left[S_1^{\mathrm{T}}\ S_2^{\mathrm{T}}\ S_3^{\mathrm{T}}\ S_4^{\mathrm{T}}\ S_5^{\mathrm{T}}\ S_6^{\mathrm{T}}\right]^{\mathrm{T}}, J = \left[J_1^{\mathrm{T}}\ J_2^{\mathrm{T}}\ J_3^{\mathrm{T}}\ J_4^{\mathrm{T}}\ J_5^{\mathrm{T}}\ J_6^{\mathrm{T}}\right]^{\mathrm{T}},$ 使得下面的 LMI 成立：

$$\Xi = \begin{bmatrix} \Psi & h_2 N & \delta S & \delta J & W^{\mathrm{T}} U \\ \star & -h_2 Z_1 & 0 & 0 & 0 \\ \star & \star & -\delta(Z_1 + Z_2) & 0 & 0 \\ \star & \star & \star & -\delta Z_2 & 0 \\ \star & \star & \star & \star & -U \end{bmatrix} < 0, \quad （3.8）$$

其中

$$\Psi = \Psi_1 + \Psi_2 + \Psi_2^{\mathrm{T}},$$

$$\Psi_1 = \begin{bmatrix} \Psi_{11} & 0 & 0 & 0 & \Psi_{15} & PB \\ \star & \Psi_{22} & 0 & 0 & 0 & T \\ \star & \star & -Q_1 & 0 & 0 & 0 \\ \star & \star & \star & -Q_2 & 0 & 0 \\ \star & \star & \star & \star & \Psi_{55} & KB \\ \star & \star & \star & \star & \star & \Psi_{66} \end{bmatrix},$$

$$\Psi_2 = \begin{bmatrix} N_1 & -N_1 + S_1 - J_1 & J_1 & -S_1 & 0 & 0 \\ N_2 & -N_2 + S_2 - J_2 & J_2 & -S_2 & 0 & 0 \\ N_3 & -N_3 + S_3 - J_3 & J_3 & -S_3 & 0 & 0 \\ N_4 & -N_4 + S_4 - J_4 & J_4 & -S_4 & 0 & 0 \\ N_5 & -N_5 + S_5 - J_5 & J_5 & -S_5 & 0 & 0 \\ N_6 & -N_6 + S_6 - J_6 & J_6 & -S_6 & 0 & 0 \end{bmatrix}$$

且

$$\Psi_{11} = -PC - C^{\mathrm{T}}P + Q_1 + Q_2 + Q_3,$$

$$\Psi_{15} = PA - C^{\mathrm{T}}K + R,$$

$$\Psi_{22} = -(1 - \tau)Q_3,$$

$$\Psi_{55} = Q_4 + KA + A^{\mathrm{T}}K - 2l^{-1}R$$

$$\Psi_{66} = -(1 - \tau)Q_4 - 2l^{-1}T,$$

$$U = h_2 Z_1 + \delta Z_2,$$

$$\delta = h_2 - h_1.$$

证明：考虑下面的 Lyapunov-Krasovskii 泛函：

$$V(x(t)) = \sum_{i=1}^{4} V_i(x(t)), \tag{3.9}$$

其中

$$V_1(x(t)) = x^{\mathrm{T}}(t)Px(t) + 2\sum_{i=1}^{n} k_i \int_0^{x_i} f_i(s)\mathrm{d}s,$$

$$V_2(x(t)) = \int_{t-h_1}^{t} x^{\mathrm{T}}(s)Q_1 x(s)\mathrm{d}s + \int_{t-h_2}^{t} x^{\mathrm{T}}(s)Q_2 x(s)\mathrm{d}s,$$

$$V_3(x(t)) = \int_{t-d(t)}^{t} \left[x^{\mathrm{T}}(s)Q_3 x(s) + f^{\mathrm{T}}(x(s))Q_4 f(x(s)) \right]\mathrm{d}s,$$

$$V_4(x(t)) = \int_{-h_2}^{0} \int_{t+\theta}^{t} \dot{x}^{\mathrm{T}}(s)Z_1 \dot{x}(s)\mathrm{d}s\mathrm{d}\theta + \int_{-h_2}^{-h_1} \int_{t+\theta}^{t} \dot{x}^{\mathrm{T}}(s)Z_2 \dot{x}(s)\mathrm{d}s\mathrm{d}\theta.$$

分别求 $V_i(x(t))$ 沿着系统（3.6）的解对时间的导数：

$$\dot{V}_1(x(t)) = 2x^{\mathrm{T}}(t)P\dot{x}(t) + 2f^{\mathrm{T}}(x(t))K\dot{x}(t) \tag{3.10}$$

$$\dot{V}_2(x(t)) = x^{\mathrm{T}}(t)(Q_1 + Q_2)x(t) - x^{\mathrm{T}}(t-h_1)Q_1 x(t-h_1) - \\ x^{\mathrm{T}}(t-h_2)Q_2 x(t-h_2) \tag{3.11}$$

$$\dot{V}_3(x(t)) \leqslant x^{\mathrm{T}}(t)Q_3x(t) - (1-\tau)f^{\mathrm{T}}(x(t-d(t)))Q_4f(x(t-d(t))) +$$
$$f^{\mathrm{T}}(x(t))Q_4f(x(t)) - (1-\tau)x^{\mathrm{T}}(t-d(t))Q_3x(t-d(t)) \qquad (3.12)$$

$$\dot{V}_4(x(t)) = \dot{x}^{\mathrm{T}}(t)(h_2Z_1 + (h_2-h_1)Z_2)\dot{x}(t) - \int_{t-h_2}^{t-d(t)}\dot{x}^{\mathrm{T}}(s)(Z_1+Z_2)\dot{x}(s)\mathrm{d}s -$$
$$\int_{t-d(t)}^{t}\dot{x}^{\mathrm{T}}(s)Z_1\dot{x}(s)\mathrm{d}s - \int_{t-d(t)}^{t-h_1}\dot{x}^{\mathrm{T}}(s)Z_2\dot{x}(s)\mathrm{d}s \qquad (3.13)$$

注意到，根据 Leibniz-Newton 公式，对于任意适合维数的矩阵 N, S 以及 J，下面的等式成立：

$$0 = 2\xi^{\mathrm{T}}(t)N\left[x(t) - x(t-d(t)) - \int_{t-d(t)}^{t}\dot{x}(s)\mathrm{d}s\right], \qquad (3.14)$$

$$0 = 2\xi^{\mathrm{T}}(t)S\left[x(t-d(t)) - x(t-h_2) - \int_{t-h_2}^{t-d(t)}\dot{x}(s)\mathrm{d}s\right], \qquad (3.15)$$

$$0 = 2\xi^{\mathrm{T}}(t)J\left[x(t-h_1) - x(t-d(t)) - \int_{t-d(t)}^{t-h_1}\dot{x}(s)\mathrm{d}s\right], \qquad (3.16)$$

根据条件（H1），对任意正定对称矩阵 $R > 0$ 和 $T > 0$，下列不等式成立：

$$0 = 2x^{\mathrm{T}}(t)Rf(x(t)) + 2x^{\mathrm{T}}(t-d(t))Tf(x(t-d(t))) -$$
$$2x^{\mathrm{T}}(t)Rf(x(t)) - 2x^{\mathrm{T}}(t-d(t))Tf(x(t-d(t)))$$
$$\leqslant 2x^{\mathrm{T}}(t)Rf(x(t)) - 2l^{-1}f^{\mathrm{T}}(x(t))Rf(x(t)) +$$
$$2x^{\mathrm{T}}(t-d(t))Tf(x(t-d(t))) - 2l^{-1}f^{\mathrm{T}}(x(t-d(t)))Tf(x(t-d(t))) \qquad (3.17)$$

将式（3.14）~ 式（3.17）的右边代入 V 的导数式，有

$$\dot{V}(x(t)) \leqslant \xi^{\mathrm{T}}(t)\big[\Psi_1 + \Psi_2 + \Psi_2^{\mathrm{T}} + W^{\mathrm{T}}(h_2Z_1 + \delta Z_2)W + h_2NZ_1^{-1}N^{\mathrm{T}} +$$
$$\delta JZ_2^{-1}J^{\mathrm{T}} + \delta S(Z_1+Z_2)^{-1}S^{\mathrm{T}}\big]\xi(t) -$$
$$\int_{t-d(t)}^{t}[\xi^{\mathrm{T}}(t)N + \dot{x}^{\mathrm{T}}(s)Z_1]Z_1^{-1}[N^{\mathrm{T}}\xi(t) + Z_1\dot{x}(s)]\mathrm{d}s -$$
$$\int_{t-d(t)}^{t-h_1}[\xi^{\mathrm{T}}(t)J + \dot{x}^{\mathrm{T}}(s)Z_2]Z_2^{-1}[J^{\mathrm{T}}\xi(t) + Z_2\dot{x}(s)]\mathrm{d}s -$$
$$\int_{t-h_2}^{t-d(t)}[\xi^{\mathrm{T}}(t)S + \dot{x}^{\mathrm{T}}(s)(Z_1+Z_2)](Z_1+Z_2)^{-1}[S^{\mathrm{T}}\xi(t) + (Z_1+Z_2)\dot{x}(s)]\mathrm{d}s$$

$$(3.18)$$

其中

$$\xi(t) = \begin{bmatrix} x(t) \\ x(t-d(t)) \\ x(t-h_1) \\ x(t-h_2) \\ f(x(t)) \\ f(x(t-d(t))) \end{bmatrix}, N = \begin{bmatrix} N_1 \\ N_2 \\ N_3 \\ N_4 \\ N_5 \\ N_6 \end{bmatrix}, S = \begin{bmatrix} S_1 \\ S_2 \\ S_3 \\ S_4 \\ S_5 \\ S_6 \end{bmatrix}, J = \begin{bmatrix} J_1 \\ J_2 \\ J_3 \\ J_4 \\ J_5 \\ J_6 \end{bmatrix},$$

$$W = \begin{bmatrix} -C & 0 & 0 & 0 & A & B \end{bmatrix}, \delta = h_2 - h_1.$$

因为 $Z_i > 0, i = 1, 2,$,所有式（3.18）的后面 3 项都是小于零的。因此,如果 $\Psi_1 + \Psi_2 + \Psi_2^{\mathrm{T}} + W^{\mathrm{T}}(h_2 Z_1 + \delta Z_2)W + h_2 N Z_1^{-1} N^{\mathrm{T}} + \delta J Z_2^{-1} J^{\mathrm{T}} + \delta S(Z_1 + Z_2)^{-1} S^{\mathrm{T}} < 0$,根据 Schur 补引理[119],它和 LMI（3.8）是等价的。因此,对于充分小 $\varepsilon > 0$,有 $\dot{V}(x_t) < -\varepsilon \|x(t)\|^2$,这就可以确保带条件（3.2）~（3.5）的神经网络（3.6）的全局渐近稳定性。证毕。

注 3.2 对于包含常时滞（$\mu = 0$）的可微的时变时滞神经网络,定理 3.1 也是适合的。当时变时滞不可微时,通过上面的定理 3.1,把 Q_3 和 Q_4 看成零矩阵,可得出下面的推论。

推论 3.1 时滞神经网络（3.6）是全局渐近稳定的,对任意的 $0 \le h_1 \le d(t) \le h_2$,如果存在矩阵 $P > 0, Q_r = Q_r^{\mathrm{T}} \ge 0, r = 1, 2, Z_j = Z_j^{\mathrm{T}} > 0, j = 1, 2,$ 正定对角矩阵 $K = \mathrm{diag}\{k_1, k_2, \cdots, k_i\}$, $i = 1, 2, \cdots, n$,常数矩阵 $N = [N_1^{\mathrm{T}} \ N_2^{\mathrm{T}} \ N_3^{\mathrm{T}} \ N_4^{\mathrm{T}} \ N_5^{\mathrm{T}} \ N_6^{\mathrm{T}}]^{\mathrm{T}}, S = [S_1^{\mathrm{T}} \ S_2^{\mathrm{T}} \ S_3^{\mathrm{T}} \ S_4^{\mathrm{T}} \ S_5^{\mathrm{T}} \ S_6^{\mathrm{T}}]^{\mathrm{T}}, J = [J_1^{\mathrm{T}} \ J_2^{\mathrm{T}} \ J_3^{\mathrm{T}} \ J_4^{\mathrm{T}} \ J_5^{\mathrm{T}} \ J_6^{\mathrm{T}}]^{\mathrm{T}}$,使得下面的 LMI 成立:

$$\tilde{\Xi} = \begin{bmatrix} \bar{\Psi} & h_2 N & \delta S & \delta J & W^{\mathrm{T}}U \\ \star & -h_2 Z_1 & 0 & 0 & 0 \\ \star & \star & \Xi_{33} & 0 & 0 \\ \star & \star & \star & -\delta Z_2 & 0 \\ \star & \star & \star & \star & -U \end{bmatrix} < 0, \tag{3.19}$$

其中

$$\bar{\Psi} = \bar{\Psi}_1 + \Psi_2 + \Psi_2^{\mathrm{T}},$$

$$\bar{\Psi}_1 = \begin{bmatrix} \Psi_{11} & 0 & 0 & 0 & \Psi_{15} & PB \\ \star & 0 & 0 & 0 & 0 & T \\ \star & \star & -Q_1 & 0 & 0 & 0 \\ \star & \star & \star & -Q_2 & 0 & 0 \\ \star & \star & \star & \star & \bar{\Psi}_{55} & KB \\ \star & \star & \star & \star & \star & -2l^{-1}T \end{bmatrix},$$

$$\Psi_2 = \begin{bmatrix} N_1 & -N_1+S_1-J_1 & J_1 & -S_1 & 0 & 0 \\ N_2 & -N_2+S_2-J_2 & J_2 & -S_2 & 0 & 0 \\ N_3 & -N_3+S_3-J_3 & J_3 & -S_3 & 0 & 0 \\ N_4 & -N_4+S_4-J_4 & J_4 & -S_4 & 0 & 0 \\ N_5 & -N_5+S_5-J_5 & J_5 & -S_5 & 0 & 0 \\ N_6 & -N_6+S_6-J_6 & J_6 & -S_6 & 0 & 0 \end{bmatrix},$$

且

$$\Xi_{33} = -\delta(Z_1+Z_2),$$
$$\Psi_{11} = -PC-C^{\mathrm{T}}P+Q_1+Q_2+Q_3,$$
$$\Psi_{15} = PA-C^{\mathrm{T}}K+R,$$
$$\bar{\Psi}_{55} = Q_4+KA+A^{\mathrm{T}}K-2l^{-1}R.$$

3.4 带区间时变时滞神经网络的鲁棒稳定性

本节给出了参数不确定时滞神经网络的鲁棒稳定性判断准则。

定理 3.2 时滞神经网络（3.6）是鲁棒渐近稳定的，如果对任意的 $0 \leqslant h_1 \leqslant d(t) \leqslant h_2$，以及 τ，如果存在矩阵 $P>0$, $Q_r=Q_r^{\mathrm{T}} \geqslant 0$, $r=1,2,3,4$, $Z_j=Z_j^{\mathrm{T}}>0$, $j=1,2$，正定对角矩阵 $K=\mathrm{diag}\{k_1,k_2,\cdots,k_i\}$, $i=1,2,\cdots,n$，常数矩阵 $N=[N_1^{\mathrm{T}}\ N_2^{\mathrm{T}}\ N_3^{\mathrm{T}}\ N_4^{\mathrm{T}}\ N_5^{\mathrm{T}}\ N_6^{\mathrm{T}}]^{\mathrm{T}}$, $S=[S_1^{\mathrm{T}}\ S_2^{\mathrm{T}}\ S_3^{\mathrm{T}}\ S_4^{\mathrm{T}}\ S_5^{\mathrm{T}}\ S_6^{\mathrm{T}}]^{\mathrm{T}}$, $J=[J_1^{\mathrm{T}}\ J_2^{\mathrm{T}}\ J_3^{\mathrm{T}}\ J_4^{\mathrm{T}}\ J_5^{\mathrm{T}}\ J_6^{\mathrm{T}}]^{\mathrm{T}}$，以及 3 个正常量 $\varepsilon_i, i=1,2,3$，使得下面的 LMI 成立：

$$\Pi = \begin{bmatrix} \tilde{\Psi} & h_2 N & \delta S & \delta J & W^{\mathrm{T}}U & 0 \\ \star & -h_2 Z_1 & 0 & 0 & 0 & 0 \\ \star & \star & \Xi_{33} & 0 & 0 & 0 \\ \star & \star & \star & -\delta Z_2 & 0 & 0 \\ \star & \star & \star & \star & -U & HU^{\mathrm{T}} \\ \star & \star & \star & \star & \star & -\varepsilon_3 I \end{bmatrix} < 0, \qquad (3.20)$$

其中

$$\tilde{\Psi} = \tilde{\Psi}_1 + \Psi_2 + \Psi_2^{\mathrm{T}},$$

$$\tilde{\Psi}_1 = \begin{bmatrix} \tilde{\Psi}_{11} & 0 & 0 & 0 & \tilde{\Psi}_{15} & \tilde{\Psi}_{16} & PH & 0 \\ \star & \Psi_{22} & 0 & 0 & 0 & T & 0 & 0 \\ \star & \star & -Q_1 & 0 & 0 & 0 & 0 & 0 \\ \star & \star & \star & -Q_2 & 0 & 0 & 0 & 0 \\ \star & \star & \star & \star & \tilde{\Psi}_{55} & \tilde{\Psi}_{56} & 0 & KH \\ \star & \star & \star & \star & \star & \tilde{\Psi}_{66} & 0 & 0 \\ \star & \star & \star & \star & \star & \star & -\varepsilon_1 I & 0 \\ \star & \star & \star & \star & \star & \star & \star & -\varepsilon_2 I \end{bmatrix},$$

$$\Psi_2 = \begin{bmatrix} N_1 & -N_1+S_1-J_1 & J_1 & -S_1 & 0 & 0 \\ N_2 & -N_2+S_2-J_2 & J_2 & -S_2 & 0 & 0 \\ N_3 & -N_3+S_3-J_3 & J_3 & -S_3 & 0 & 0 \\ N_4 & -N_4+S_4-J_4 & J_4 & -S_4 & 0 & 0 \\ N_5 & -N_5+S_5-J_5 & J_5 & -S_5 & 0 & 0 \\ N_6 & -N_6+S_6-J_6 & J_6 & -S_6 & 0 & 0 \end{bmatrix},$$

且

$$\Xi_{33} = -\delta(Z_1 + Z_2),$$
$$\tilde{\Psi}_{11} = -PC - C^{\mathrm{T}}P + Q_1 + Q_2 + Q_3 + (\varepsilon_1 + \varepsilon_2 + \varepsilon_3)E_c^{\mathrm{T}}E_c,$$
$$\tilde{\Psi}_{15} = PA - C^{\mathrm{T}}K + R - (\varepsilon_1 + \varepsilon_2 + \varepsilon_3)E_c^{\mathrm{T}}E_a,$$
$$\tilde{\Psi}_{16} = PB - (\varepsilon_1 + \varepsilon_2 + \varepsilon_3)E_c^{\mathrm{T}}E_b,$$
$$\Psi_{22} = -(1-\tau)Q_3,$$
$$\tilde{\Psi}_{55} = Q_4 + KA + A^{\mathrm{T}}K - 2l^{-1}R + (\varepsilon_1 + \varepsilon_2 + \varepsilon_3)E_a^{\mathrm{T}}E_a,$$
$$\tilde{\Psi}_{56} = KB + (\varepsilon_1 + \varepsilon_2 + \varepsilon_3)E_a^{\mathrm{T}}E_b,$$
$$\tilde{\Psi}_{66} = -(1-\tau)Q_4 - 2l^{-1}T + (\varepsilon_1 + \varepsilon_2 + \varepsilon_3)E_b^{\mathrm{T}}E_b,$$
$$U = h_2 Z_1 + \delta Z_2,$$
$$\delta = h_2 - h_1.$$

证明：在 LMI（3.8）中，用 $C+\Delta C, A+\Delta A, B+\Delta B$ 分别替换矩阵 C, A, B，并且由于 $[\Delta C \quad \Delta A \quad \Delta B] = HF(t)[E_c \quad E_a \quad E_b]$，那么 LMI（3.8）可以重新写为：

$$\begin{bmatrix} \Psi & h_2 N & \delta S & \delta J & W^{\mathrm{T}}U \\ \star & -h_2 Z_1 & 0 & 0 & 0 \\ \star & \star & -\delta(Z_1+Z_2), & 0 & 0 \\ \star & \star & \star & -\delta Z_2 & 0 \\ \star & \star & \star & \star & -U \end{bmatrix} + \Omega_1 F(t)\Omega_2^{\mathrm{T}} + \Omega_2 F(t)\Omega_1^{\mathrm{T}} + \quad (3.21)$$

$$\Omega_3 F(t)\Omega_4^{\mathrm{T}} + \Omega_4 F(t)\Omega_3^{\mathrm{T}} + \Omega_5 F(t)\Omega_6^{\mathrm{T}} + \Omega_6 F(t)\Omega_5^{\mathrm{T}} < 0$$

其中

$$\Omega_1 = [H^{\mathrm{T}}P \quad 0 \quad 0 \quad 0 \quad 0 \quad 0 \quad 0 \quad 0 \quad 0]^{\mathrm{T}},$$

$$\Omega_2 = [-E_c \quad 0 \quad 0 \quad 0 \quad E_a \quad E_b \quad 0 \quad 0 \quad 0 \quad 0]^{\mathrm{T}},$$

$$\Omega_3 = [0 \quad 0 \quad 0 \quad 0 \quad H^{\mathrm{T}}K \quad 0 \quad 0 \quad 0 \quad 0 \quad 0]^{\mathrm{T}},$$

$$\Omega_4 = [-E_c \quad 0 \quad 0 \quad 0 \quad E_a \quad E_b \quad 0 \quad 0 \quad 0 \quad 0]^{\mathrm{T}},$$

$$\Omega_5 = [0 \quad 0 \quad 0 \quad 0 \quad 0 \quad 0 \quad 0 \quad 0 \quad 0 \quad H^{\mathrm{T}}U]^{\mathrm{T}},$$

$$\Omega_6 = [-E_c \quad 0 \quad 0 \quad 0 \quad E_a \quad E_b \quad 0 \quad 0 \quad 0 \quad 0]^{\mathrm{T}}.$$

因为 $F^{\mathrm{T}}(t)F(t) \leqslant I, \forall t \in R$，根据引理 2.2（i），式（3.21）成立，如果下列不等式满足：

$$\begin{bmatrix} \Psi & h_2 N & \delta S & \delta J & W^{\mathrm{T}}U \\ \star & -h_2 Z_1 & 0 & 0 & 0 \\ \star & \star & -\delta(Z_1 + Z_2), & 0 & 0 \\ \star & \star & \star & -\delta Z_2 & 0 \\ \star & \star & \star & \star & -U \end{bmatrix} + \varepsilon_1^{-1}\Omega_1\Omega_1^{\mathrm{T}} + \varepsilon_1\Omega_2\Omega_2^{\mathrm{T}} + \quad (3.22)$$

$$\varepsilon_2^{-1}\Omega_3\Omega_3^{\mathrm{T}} + \varepsilon_2\Omega_4\Omega_4^{\mathrm{T}} + \varepsilon_3^{-1}\Omega_5\Omega_5^{\mathrm{T}} + \varepsilon_3\Omega_6\Omega_6^{\mathrm{T}} < 0$$

其中，$\varepsilon_1 > 0, \varepsilon_2 > 0, \varepsilon_3 > 0$。

根据 Schur 补，不等式（3.22）与（3.20）等价。因此，如果 LMI（3.20）成立，那么意味着系统（3.6）是鲁棒渐近稳定的。这就完成了证明。

通过设 $Q_3 = Q_4 = 0$，我们得到了推论 3.2。

推论 3.2　时滞神经网络（3.6）是鲁棒渐近稳定的，如果对任意的 $0 \leqslant h_1 \leqslant d(t) \leqslant h_2$，如果存在矩阵 $P > 0$，$Q_r = Q_r^{\mathrm{T}} \geqslant 0$，$r = 1,2$，$Z_j = Z_j^{\mathrm{T}} > 0$，$j = 1,2$，正定对角矩阵 $K = \mathrm{diag}\{k_1, k_2, \cdots, k_i\}$，$i = 1,2,\cdots,n$，常数矩阵 $N = [N_1^{\mathrm{T}} \; N_2^{\mathrm{T}} \; N_3^{\mathrm{T}} \; N_4^{\mathrm{T}} \; N_5^{\mathrm{T}} \; N_6^{\mathrm{T}}]^{\mathrm{T}}$，$S = [S_1^{\mathrm{T}} \; S_2^{\mathrm{T}} \; S_3^{\mathrm{T}} \; S_4^{\mathrm{T}} \; S_5^{\mathrm{T}} \; S_6^{\mathrm{T}}]^{\mathrm{T}}$，$J = [J_1^{\mathrm{T}} \; J_2^{\mathrm{T}} \; J_3^{\mathrm{T}} \; J_4^{\mathrm{T}} \; J_5^{\mathrm{T}} \; J_6^{\mathrm{T}}]^{\mathrm{T}}$，以及 3 个正常量 $\varepsilon_i, i = 1,2,3$，使得下面的 LMI 成立：

$$\begin{bmatrix} \hat{\Psi} & -h_2 Z_1 & 0 & 0 & 0 & 0 \\ \star & \star & \Xi_{33} & 0 & 0 & 0 \\ \star & \star & \star & -\delta Z_2 & 0 & 0 \\ \star & \star & \star & \star & -U & HU^{\mathrm{T}} \\ \star & \star & \star & \star & \star & -\varepsilon_3 I \end{bmatrix} < 0, \quad (3.23)$$

其中

$$\hat{\Psi} = \hat{\Psi}_1 + \Psi_2 + \Psi_2^{\mathrm{T}},$$

$$\hat{\Psi}_1 = \begin{bmatrix} \tilde{\Psi}_{11} & 0 & 0 & 0 & \tilde{\Psi}_{15} & \tilde{\Psi}_{16} & PH & 0 \\ \star & 0 & 0 & 0 & 0 & T & 0 & 0 \\ \star & \star & -Q_1 & 0 & 0 & 0 & 0 & 0 \\ \star & \star & \star & -Q_2 & 0 & 0 & 0 & 0 \\ \star & \star & \star & \star & \tilde{\Psi}_{55} & \tilde{\Psi}_{56} & 0 & KH \\ \star & \star & \star & \star & \star & \tilde{\Psi}_{66} & 0 & 0 \\ \star & \star & \star & \star & \star & \star & -\varepsilon_1 I & 0 \\ \star & \star & \star & \star & \star & \star & \star & -\varepsilon_2 I \end{bmatrix},$$

$$\Psi_2 = \begin{bmatrix} N_1 & -N_1+S_1-J_1 & J_1 & -S_1 & 0 & 0 \\ N_2 & -N_2+S_2-J_2 & J_2 & -S_2 & 0 & 0 \\ N_3 & -N_3+S_3-J_3 & J_3 & -S_3 & 0 & 0 \\ N_4 & -N_4+S_4-J_4 & J_4 & -S_4 & 0 & 0 \\ N_5 & -N_5+S_5-J_5 & J_5 & -S_5 & 0 & 0 \\ N_6 & -N_6+S_6-J_6 & J_6 & -S_6 & 0 & 0 \end{bmatrix},$$

$$\tilde{\Psi}_{66} = -2l^{-1}T + (\varepsilon_1 + \varepsilon_2 + \varepsilon_3)E_b^{\mathrm{T}}E_b,$$

其他符号定义参照定理 3.2。

注 3.3 定理 3.1 和定理 3.2 得出的稳定性判断准则均依赖于 h_2 和 $h_2 - h_1$。

3.5 数值实例

这一节，将用例子来说明所得结果的有效性。

例 3.1 考察下面的带区间时滞的神经网络系统，参数如下：

$$C = \begin{bmatrix} 2 & 0 \\ 0 & 2 \end{bmatrix}, A = \begin{bmatrix} 0.7 & 0.8 \\ -0.5 & 0.3 \end{bmatrix}, B = \begin{bmatrix} 0.2 & 0.2 \\ 0.1 & -0.2 \end{bmatrix},$$

$$l = 0.5, \tau = 2.$$

针对不同的时滞下界，本章的定理 3.1 所得的结果见表 3.1。

表 3.1 变量 h_1 不同取值的时滞上界

Table 3.1　Allowable upper bound of h_2 with given h_1

	$h_1 = 0$	$h_1 = 0.1$	$h_1 = 0.5$	$h_1 = 0.8$	$h_1 = 1$
h_2	11.018 3	11.072 7	11.412 8	11.712 8	11.912 8

注 3.4 例 3.1 表明本章所给出的结果适用于快时变时滞的情况，而且，我们很容易验证本章的结果也适用于 $\dot{d}(t) \leqslant \tau < 1$，即慢时变时滞的情况。

下面将使用文献[107，113]中的例子，说明我们所得的结果要优于目前的一些结果。

例 3.2 考虑下列带区间时变时滞的神经网络：

$$\dot{x}(t) = -Cx(t) + Af(x(t)) + Bf(x(t-d(t))),\qquad(3.24)$$

$$C = \begin{bmatrix} 0.7 & 0 \\ 0 & 0.7 \end{bmatrix}, A = \begin{bmatrix} -0.3 & 0.3 \\ 0.1 & -0.1 \end{bmatrix}, B = \begin{bmatrix} 0.1 & 0.1 \\ 0.3 & 0.3 \end{bmatrix},$$

$l = 1, h_1 = 0.1, h_2 = 2.3, \tau$ 未知。

根据推论 3.1，通过 Matlab 中 LMI 工具箱求解 LMI（3.19），我们发现系统（3.24）是渐近稳定的，并得到下面的一个可行解，在此列出了其中的一部分：

$$P = 10^3 \times \begin{bmatrix} 1.174\,5 & -0.129\,0 \\ -0.129\,0 & 0.863\,2 \end{bmatrix}, M_1 = \begin{bmatrix} 11.117\,6 & 6.240\,2 \\ 7.986\,7 & 14.698\,7 \end{bmatrix},$$

$$R = \begin{bmatrix} 251.885\,4 & 0 \\ 0 & 251.885\,4 \end{bmatrix}, T = \begin{bmatrix} 282.250\,3 & 0 \\ 0 & 282.250\,3 \end{bmatrix}.$$

注 3.5 如果设 $h_1 = 0.1, h_2 = 2.6$ 可验证，文献[113]中定理 1 的条件不能满足。然而，根据推论 3.1，可验证系统仍然是渐近稳定的。

注 3.6 当时滞的下界为 0，即 $h_1 = 0$ 时，通过 Matlab 中 LMI 工具箱求解 LMI（3.19）得到时滞上界允许的最大值为 $h_2 = 2.710\,4$。而[107]以及[113]允许的时滞上界最大值分别为 $h_2 = 0.291\,6$ 和 $h_2 = 2.239\,7$。显然，$2.710\,4 > 2.239\,7 > 0.219\,6$，因此，本章的结果比文献[107，113]具有较少的保守性。

例 3.3 考虑一个参数不确定的时变时滞神经网络：

$$C = \begin{bmatrix} 2 & 0 \\ 0 & 2 \end{bmatrix}, A = \begin{bmatrix} 0.7 & 0.8 \\ -0.5 & 0.3 \end{bmatrix}, B = \begin{bmatrix} 0.2 & 0.2 \\ -0.6 & 0.1 \end{bmatrix},$$

$$E_c = \begin{bmatrix} -0.2 & 0.1 \\ 0.1 & -0.2 \end{bmatrix}, E_a = \begin{bmatrix} 0.1 & 0.6 \\ 0.6 & -0.3 \end{bmatrix}, E_b = \begin{bmatrix} -0.1 & 0.4 \\ 0.4 & -0.1 \end{bmatrix},$$

$l = 0.5, \quad H = I, \tau$ 未知。

表 3.2 列出了本章的推论 3.2、文献[113]的定理 3 在不同条件下的计算结果。

表 3.2　变量 h_1 不同取值的时滞上界 h_2 所允许的最大值
Table 3.2　Allowable upper bound of h_2 with given h_1

	$h_1 = 0$	$h_1 = 0.1$	$h_1 = 0.5$	$h_1 = 0.8$
[113]	2.082	2.182	2.582	2.882
Corollary3.2	3.883	3.905	4.139	4.333

通过比较，我们所得的结果比文献[113]结果更好。

3.6　本章小结

本章对带有区间时变时滞的神经网络的渐近稳定性和鲁棒稳定性进行了研究。通过定义合适的 Lyapunov-Krasovskii 以及引入自由权值矩阵，得到了一些新的与时滞区间相关的稳定性判断准则。

本章内容已发表在国际刊物 Cognitive Neurodynamics。

4 基于时滞分段方法的静态递归神经网络的稳定性

利用时滞分段方法，研究了一类静态递归神经网络的全局渐近稳定性问题。得到了确保时滞静态递归神经网络渐近稳定性的新的充分条件，该条件与已有结论相比较不仅形式简单，而且具有更少的保守性。实验结果同时表明，时滞分段技术对扩大时滞的上界是有效的。

4.1 引 言

由于信息传输时滞常常是时变的，近年来，具有时变时滞的各类神经网络，如 Hopfield 神经网络、细胞神经网络、双向联想记忆神经网络、递归神经网络等，引起了研究人员的兴趣。根据基本变量的不同选择，连续型递归神经网络的数学模型又可细分为局域神经网络模型（Local Field Neural Network Models）和静态神经网络模型（Static Neural Network Models）两类[120-122]。

静态神经网络模型使用神经元的外部状态作为基本变量，基本形式为

$$\frac{\mathrm{d}u_i}{\mathrm{d}t} = -a_i u_i(t) + g_i(\sum_{j=1}^{m} w_{ij} u_j(t) + J_i), \quad i = 1, 2, \cdots, n, \tag{4.1}$$

其中，u_i 是神经元 i 的状态，且 $v_i = \sum_{j=1}^{m} w_{ij} u_j(t) + J_i$ 是它的局部状态。$g_i(\cdot)$ 是神经元 i 的激活函数，w_{ij} 表示神经元 i 和 j 之间的突触连接权值 t，n 为神经元的个数。

局域神经网络模型使用局域状态（神经元内部状态）作为基本变量，例

如 Hopfield 模型就为局域神经网络模型，其基本形式为

$$C_i \frac{\mathrm{d}u_i}{\mathrm{d}t} = -\frac{u_i(t)}{R_i} + \sum_{j=1}^m w_{ij} g_j(u_j(t)) + J_i, \quad i = 1, 2, \cdots, n, \tag{4.2}$$

其中，u_i 是神经元 i 的局部状态，$v_i = g_i(u_i(t))$ 是神经元 i 的输出。C_i 和 R_i 分别是神经元放大器输入电容和电阻，J_i 是系统的外部输入常量。显然，双向联想记忆模型和细胞神经网络模型都属于局域模型。

近年来，许多研究人员通过对时滞递归神经网络（DRNN）的稳定性研究，得到了一些时滞相关和时滞无关的稳定性条件。众所周知，时滞无关稳定性条件与时滞相关稳定性条件相比要相对保守，因此，递归神经网络的时滞相关稳定性得到了更广泛的关注[62, 91-92, 103]。其中，大多数研究是基于局域模型进行的。

相反地，静态神经网络模型的动力学性质还未被深入地讨论，只有少数几篇文献对此进行了研究[123-128]。文献[123]得到了一个静态递归神经网络的指数稳定性判断准则。文献[124]研究了区间静态递归神经网络的鲁棒指数稳定性问题。该文所考虑的模型不包含时滞。文献[125]利用 LMI 技术，研究了带常时滞的静态递归神经网络的全局渐近稳定性问题，所得出的稳定性判断准则是时滞无关的。文献[128]研究了带常时滞的静态递归神经网络的指数稳定性问题，分别得到了一个时滞无关和时滞相关判断准则。最近，Shao[126]等学者研究了带时变时滞的静态递归神经网络的时滞相关稳定性问题，并且得到了几个新的稳定性准则。Zheng[127]等学者研究了带时变时滞的静态递归神经网络的指数稳定性问题。

本章利用时滞分段方法[129]，研究了一类静态递归神经网络的全局渐近稳定性问题。不同于以前的相关文献，神经元的激活函数既不需要假定为单调的、可微的，也不需要是有界的。本章得到了两个判断时滞静态递归神经网络渐近稳定性的新的充分条件，该条件与已有结论相比较不仅形式简单，同时数值仿真结果表明该条件具有更少的保守性。

4.2 时滞神经网络模型及其转换

研究如下时滞静态递归神经网络模型：

$$\frac{\mathrm{d}u_i}{\mathrm{d}t} = -a_i u_i(t) + g_i\left(\sum_{j=1}^{m} w_{ij} u_j(t-\tau) + J_i\right), \quad i=1,2,\cdots,n, \tag{4.3}$$

或以矩阵的形式

$$\dot{u}(t) = -Au(t) + g(Wu(t-\tau) + J), \tag{4.4}$$

其中

$$u(t) = [u_1(t), u_2(t), \cdots, u_t(t)]^{\mathrm{T}}, A = \mathrm{diag}[a_1, a_2, \cdots, a_n] > 0, W = (w_{ij})_{n\times n}, I = [I_1, I_2, \cdots, I_n]^{\mathrm{T}},$$
$$g(u(t)) = [g_1(u_1(t)), g_2(u_2(t)), \cdots, g_n(u_n(t))]^{\mathrm{T}}.$$

注 4.1 假设 W 可逆且 $WA = AW$，由 $y(t) = Wu(t) + J$，静态神经网络（4.4）可转换为局域神经网络模型：

$$\dot{y}(t) = -Ay(t) + Wg(y(t-\tau)) + AJ. \tag{4.5}$$

然而，许多静态神经网络并不满足上述转换条件。因此，深入研究静态神经网络是十分必要的。

本章，假设激活函数满足如下条件：

$$(\mathrm{H}1) \quad k_i^- \leqslant \frac{g_i(x) - g_i(y)}{x-y} \leqslant k_i^+, \ \forall x, y \in R^n, x \neq y, i=1,2,\cdots,n \tag{4.6}$$

这里 k_i^-, k_i^+ 为常量，该激活函数是全局 Lipschitz 连续函数。

注 4.2 大多数的文献[123-128]把常量 k_i^- 设定为零，这表明激活函数是单调递增的。然而，本章 k_i^-, k_i^+ 可以为正、负或零，其取值范围比文献[123-128]更一般化。因此，该激活函数可以是非单调的，而且显然比通常的 Sigmod 激活函数和分段线性函数（Piecewise linear function）更一般。

假设 u^* 为系统（4.4）的一个平衡点，并令 $x=u-u^*$，则系统（4.4）变为

$$\dot{x}(t) = -Ax(t) + f(Wx(t-\tau)), \tag{4.7}$$

其中，$x(t) = [x_1(t), \cdots, x_n(t)]^{\mathrm{T}}$ 为新系统的状态向量，$f(x(t)) = [f_1(x_1(t)), f_2(x_2(t)), \cdots, f_n(x_n(t))]^{\mathrm{T}}$，$f_j(x_j((t)) = g_j(x_j(t) + u_j^* + I) - g_j(u_j^* + I), \quad j=1,2,\cdots,n$。并有

$$k_i^- \leqslant \frac{f_i(x) - f_i(y)}{x-y} \leqslant k_i^+, \ \forall x, y \in R^n, x \neq y, i=1,2,\cdots,n \tag{4.8}$$

下面我们只需考虑系统（4.7）原点的渐近稳定性问题。

4.3 基于时滞分段方法的静态神经网络的全局渐近稳定性

定理 4.1 假设条件（H1）成立，对于时滞 τ，如果存在对称正定矩阵 P，Q 和 R，使得下面的 LMI 成立：

$$
\begin{aligned}
\Omega = {} & 2kW_P^{\mathrm{T}}PW_P + 2W_P^{\mathrm{T}}P\bar{W} + W_{Q_1}^{\mathrm{T}}QW_{Q_1} - W_{Q_2}^{\mathrm{T}}QW_{Q_2} + \frac{\tau}{m}\bar{W}^{\mathrm{T}}R\bar{W} - \frac{m}{\tau}W_m^{\mathrm{T}}RW_m - \\
& 2W_f^{\mathrm{T}}TW_f - 2W_x^{\mathrm{T}}W^{\mathrm{T}}K_1TK_0WW_x + 2W_f^{\mathrm{T}}TK_0WW_x + 2W_x^{\mathrm{T}}W^{\mathrm{T}}K_1TW_f < 0,
\end{aligned}
\tag{4.9}
$$

其中

$$
\begin{aligned}
& W_P = [I_n \quad 0_{n,mn} \quad 0_n], \quad \bar{W} = [-A \quad 0_{n,mn} \quad I_n], \\
& W_{Q_1} = [I_{mn} \quad 0_{mn,n} \quad 0_{mn,n}], \quad W_{Q_2} = [0_{mn,n} \quad I_{mn} \quad 0_{mn,n}], \\
& W_m = [I_n \quad -I_n \quad 0_{n,mn}], \quad W_f = [0_{n,mn} \quad 0_n \quad I_n], \quad W_x = [0_{n,mn} \quad I_n \quad 0_n],
\end{aligned}
$$

$K_0 = \mathrm{diag}\{k_1^-, \quad k_2^-, \quad \cdots, \quad k_n^-\}$，$K_1 = \mathrm{diag}\{k_1^+, \quad k_2^+, \quad \cdots, \quad k_n^+\}$。那么系统（4.7）的原点是全局渐近稳定的，从而，系统（4.4）的平衡点是全局渐近稳定的。

证明： 构造如下的 Lyapunov-Krasvoskii 泛函：

$$
V(x_t,t) = x^{\mathrm{T}}(t)Px(t) + \int_{t-\frac{\tau}{m}}^{t}\Upsilon^{\mathrm{T}}(s)Q\Upsilon(s)\mathrm{d}s + \int_{-\frac{\tau}{m}}^{0}\int_{t+\theta}^{t}\dot{x}^{\mathrm{T}}(s)R\dot{x}(s)\mathrm{d}s\mathrm{d}\theta,
\tag{4.10}
$$

其中

$$
\Upsilon(t) = \begin{bmatrix} x(t) \\ x\left(t-\dfrac{1}{m}\tau\right) \\ x\left(t-\dfrac{2}{m}\tau\right) \\ \vdots \\ x\left(s-\dfrac{m-1}{m}\tau\right) \end{bmatrix}.
$$

根据式（4.8），下列不等式成立：

$$-2(f(Wx(t-\tau))-K_1Wx(t-\tau))^{\mathrm{T}}T(f(Wx(t-\tau))-K_0Wx(t-\tau)) \geqslant 0.$$

$V(x_t,t)$ 沿系统（4.7）的时间导数为

$$\dot{V}(x_t,t) = 2x^{\mathrm{T}}(t)P[-Ax(t)+f(Wx(t-\tau))]+\Upsilon^{\mathrm{T}}(t)Q\Upsilon(t)-\Upsilon^{\mathrm{T}}\left(t-\frac{\tau}{m}\right)Q\Upsilon\left(t-\frac{\tau}{m}\right)+$$

$$\frac{\tau}{m}\dot{x}^{\mathrm{T}}(t)R\dot{x}(t)-\int_{t-\frac{\tau}{m}}^{t}\dot{x}^{\mathrm{T}}(s)R\dot{x}(t)\mathrm{d}s$$

$$\leqslant 2x^{\mathrm{T}}(t)P[-Ax(t)+f(Wx(t-\tau))]+\Upsilon^{\mathrm{T}}(t)Q\Upsilon(t)-\Upsilon^{\mathrm{T}}\left(t-\frac{\tau}{m}\right)Q\Upsilon\left(t-\frac{\tau}{m}\right)+$$

$$\frac{\tau}{m}[-Ax(t)+f(Wx(t-\tau))]^{\mathrm{T}}R[-Ax(t)+f(Wx(t-\tau))]-$$

$$\frac{m}{\tau}\left[x(t)-x\left(t-\frac{\tau}{m}\right)\right]^{\mathrm{T}}R\left[x(t)-x\left(t-\frac{\tau}{m}\right)\right]-$$

$$2f^{\mathrm{T}}(Wx(t-\tau))Tf(Wx(t-\tau))+2f^{\mathrm{T}}(Wx(t-\tau))TK_0Wx(t-\tau)+$$

$$2x^{\mathrm{T}}(t-\tau)W^{\mathrm{T}}K_1^{\mathrm{T}}Tf(Wx(t-\tau))-2x^{\mathrm{T}}(t-\tau)W^{\mathrm{T}}K_1^{\mathrm{T}}TK_0Wx(t-\tau)$$

$$= \zeta^{\mathrm{T}}(t)\Omega\zeta(t).$$

其中

$$\zeta(t) = \begin{bmatrix} \Upsilon(t) \\ x(t-\tau) \\ f(Wx(t-\tau)) \end{bmatrix}.$$

因此，当 $\Omega < 0$ 时，$\dot{V}(x_t,t) < 0$。由 Lyapunov-Krasovskii 稳定性定理知，系统（4.7）的原点是全局渐近稳定的。进而，系统（4.4）的平衡点是全局稳定的。证毕。

注 4.3 当激活函数满足以下条件，

$$0 \leqslant \frac{f_i(x)-f_i(y)}{x-y} \leqslant k_i^+, \ \forall x,y \in R^n, x \neq y, i=1,2,\cdots,n, \tag{4.11}$$

那么存在

$$-2f^{\mathrm{T}}(Wx(t-\tau))Tf(Wx(t-\tau))+2x^{\mathrm{T}}(t-\tau)W^{\mathrm{T}}K_1^{\mathrm{T}}Tf(Wx(t-\tau)) \geqslant 0, \tag{4.12}$$

根据上式，并采用定理 4.1 相似的证明方法，容易得到如下推论：

推论 4.1 假设条件（4.11）成立，对于时滞 τ，如果存在对称正定矩阵 P，Q 和 R，使得下面的 LMI 成立：

$$\Omega^* = W_P^{\mathrm{T}} P \bar{W} + W_{Q_1}^{\mathrm{T}} Q W_{Q_1} - W_{Q_2}^{\mathrm{T}} Q W_{Q_2} + \frac{\tau}{m} \bar{W}^{\mathrm{T}} R \bar{W} - \frac{m}{\tau} W_m^{\mathrm{T}} R W_m -$$
$$2 W_f^{\mathrm{T}} T W_f + 2 W_x^{\mathrm{T}} W^{\mathrm{T}} K_1^{\mathrm{T}} T W_f < 0, \tag{4.13}$$

其中

$$W_P = [I_n \quad 0_{n,mn} \quad 0_n], \quad \bar{W} = [-A \quad 0_{n,mn} \quad I_n],$$
$$W_{Q_1} = [I_{mn} \quad 0_{mn,n} \quad 0_{mn,n}], \quad W_{Q_2} = [0_{mn,n} \quad I_{mn} \quad 0_{mn,n}],$$
$$W_m = [I_n \quad -I_n \quad 0_{n,mn}], \quad W_f = [0_{n,mn} \quad 0_n \quad I_n], \quad W_x = [0_{n,mn} \quad I_n \quad 0_n],$$

其中，$K_1 = diag\{k_1^+, k_2^+, \cdots, k_n^+\}$。那么系统（4.7）的原点是全局渐近稳定的，从而，系统（4.4）的平衡点是全局渐近稳定的。

注 4.4　本章研究了带常时滞静态递归神经网络的全局渐近稳定性问题。利用本章的方法可以很容易地研究带时变时滞和随机干扰的静态递归神经网络的问题，即

$$dx(t) = -[Ax(t) + f(Wx(t - \tau(t)))]dt + [Cx(t) + Dx(t - \tau(t))]d\omega(t).$$

4.4　数值实例

本节给出一些数值例子，以验证本章所得时滞静态递归神经网络的稳定性条件的有效性，并与相关文献进行比较，说明我们所得结果具有较少的保守性。

例 4.1　考虑如下常时滞模型：

$$A = \begin{bmatrix} 4.198\,9 & 0 & 0 \\ 0 & 0.716\,0 & 0 \\ 0 & 0 & 1.998\,5 \end{bmatrix}, \quad W = \begin{bmatrix} -0.105\,2 & -0.506\,9 & -0.112\,1 \\ -0.025\,7 & -0.280\,8 & 0.021\,2 \\ 0.120\,5 & -0.215\,3 & 0.131\,5 \end{bmatrix},$$

$$K_0 = diag\{-0.102\,5, \quad -0.117\,3, \quad 0.296\,2\},$$
$$K_1 = diag\{0.421\,9, \quad 3.899\,3, \quad 1.016\,0\}.$$

因为 $AW \neq WA$，因此本例所描述的静态神经网络不能转换成局域神经网络模型，当前许多关于局域神经网络的稳定性结果不能应用于本例。另外，由于 $k_i^- \neq 0, i = 1, 2, 3$，文献[123-128]的稳定性结果也不能适用于本例。然而，

利用本章定理 4.1，对于不同的时滞分段数 m，时滞 τ 的可允许的最大值见表 4.1。可以看出，随着时滞分段数 m 的增加，时滞可允许的上界在增大。显然，时滞分段技术对扩大 τ 的上界是有效的。

表 4.1　对于不同的时滞分段数 m ，时滞 τ 的可允许的上界
Table 4.1　Allowable upper bound of τ with given different m

The number of subintervals（m）	Delay bound of τ for given m
1	2.087 2
2	2.408 6
3	2.469 2
5	2.500 4
10	2.513 6

例 4.2　考虑文献[128]中的例子：

$$A = \begin{bmatrix} 7.345\,8 & 0 & 0 \\ 0 & 6.998\,7 & 0 \\ 0 & 0 & 5.594\,9 \end{bmatrix},$$

$$W = \begin{bmatrix} 13.601\,4 & -2.961\,6 & -0.693\,6 \\ 7.473\,6 & 21.681\,0 & 3.210\,0 \\ 0.792\,0 & -2.633\,4 & -20.130\,0 \end{bmatrix},$$

激活函数满足式（4.10），且 $K_1 = \mathrm{diag}\{0.368\,0,\ 0.179\,5,\ 0.287\,6\}$.

我们验证后发现，文献[125]的定理 1 没有可行解，因此，其结果不能判断本例所描述系统是否稳定。文献[128]中定理 2 可允许的 τ 的上界为 1.321 2，即 $0 < \tau \leqslant 1.321\,2$。文献[126]可允许的时滞上界为 1.332 3。当时滞分段数 m 取不同的值时，根据推论 4.1，我们通过 Matlab 中 LMI 工具箱求解式（4.12），可得到的 τ 的上界值见表 4.2。通过表 4.2，可以看出，当子区间数 $m \geqslant 2$ 时，本章所得的结果要优于文献[126]和[128]。因此，本章所提出的稳定性判据比文献[125]、[126]和[128]的判据具有更少的保守性。

表 4.2　对于不同的时滞分段数 m，时滞 τ 的可允许的上界
Table 4.2　Allowable upper bound of τ with given different m

The number of subintervals（m）	Delay bound of τ for given m
1	1.331 7
2	1.767 5
4	1.887 0
6	1.909 6
10	1.921 2
15	1.924 9

此外，表 4.1、表 4.2 也显示当子区间的数量接近于某个极限，时滞的上界增加得很慢，甚至保持不变。

4.5　本章小结

本章利用时滞分段方法，研究了一类静态递归神经网络的全局渐近稳定性问题。不同于以前的相关文献[123-128]，神经元的激活函数既不需要假定为单调的、可微的，也不需要是有界的。得到了两个判断时滞静态递归神经网络渐近稳定性的新的充分条件，该条件与文献[125-126，128]相比较不仅形式简单，而且具有更小的保守性。实验结果同时表明，时滞分段技术对扩大时滞的上界是有效的。

5 基于 LMI 方法的带区间变时滞的基因调控网络的稳定性

本章研究了带区间变时滞的不确定基因调控网络的全局鲁棒性问题。利用自由权值矩阵和线性矩阵不等式方法，得到了若干个新颖的时滞基因调控网络的鲁棒稳定性判定条件,有效地克服了时变时滞导数必须小于 1 的限制，使得所得的结果适用范围更宽。由于采用了线性矩阵不等式 LMI 方法，使得这些结果更易于验证。最后，通过 4 个数值实例验证了理论结果的有效性。

5.1 引　言

当一个基因通过转录、翻译形成蛋白质后，它将改变细胞的生化状态，从而直接或间接地影响其他基因的表达，甚至影响自身的表达。多个基因的表达不断变化，使得细胞的生化状态不断地变化。总的来说，一个基因的表达受其他基因的影响，而这个基因又会影响其他基因的表达，这种相互影响、相互制约的关系构成了复杂的基因表达调控网络。基因表达的变化可在多个阶段受到蛋白质的调控，包括转录水平上的调控、mRNA 加工成熟水平上的调控和翻译水平上的调控[157]。基因表达调控的机制很复杂。原核生物基因表达的调控主要发生在转录水平上，真核生物细胞的组织多样性使其基因结构比原核生物更加复杂，并且真核生物基因的转录和翻译在时间和空间上完全分隔，基因调控范围更大，目前已有研究表明：基因结构活化、转录起始、转录后加工及转运、翻译及翻译后加工等均为基因表达调控的控制点。可见，基因表达调控是在多级水平上进行的复杂事件。但总的来说，和原核生物一样，真核生物中转录水平的调控是基因表达调控中最重要的一环。因此，目前主要研究的是转录水平的基因调控。

此外，由于系统模型的简化、外部干扰、参数波动以及数据错误等原因，在实际应用和网络设计中，存在一些不可避免的不确定，因此，在模型中必须考虑不确定的影响。众所周知，时滞和参数不确定对系统的稳定性有重要的影响，是系统失稳的主要原因之一。因此，研究带时滞的参数不确定基因调控网络的稳定性具有重要意义[151, 155-156]。

本章对带区间变时滞的基因调控网络的渐近稳定性和鲁棒稳定性进行研究，得到了几个与时滞区间相关的、具有较少保守性的充分条件。本章的组织结构如下：在第二节，提出了要研究的问题，并给出一些预备知识；在第三节，分析了带区间时滞的基因调控网络的渐近稳定性；在第四节，我们将研究带区间时滞的不确定基因调控网络的鲁棒稳定性问题；在第五节，通过几个数值例子说明我们的结果具有较少的保守性；最后一节，对本章内容进行了总结。

5.2　基因调控网络模型及其转换

基因表达和调控过程是由一个基因本身和基因与基因之间所构成的逻辑网络决定的，这种网络可以简单视为由许多节点（代表基因）以及节点之间的连线（调控关系）组成的。根据文献[141]，包含 n 个 mRNAs 和 n 个蛋白质的时滞基因调控网络可以描述为以下的非线性微分方程：

$$\begin{cases} \dot{m}_i(t) = -a_i m_i(t) + b_i(p_1(t-\sigma(t)), p_2(t-\sigma(t)), \cdots, p_n(t-\sigma(t))), & (5.1) \\ \dot{p}_i(t) = -c_i p_i(t) + d_i m_i(t-\tau(t)), \quad i = 1, 2, \cdots, n, \end{cases}$$

其中，$m_i(t), p_i(t) \in R$ 是第 i 个节点的 mRNA 和蛋白质的浓度。在网络中，对每个节点来说，都只有一个输出和多个输入。如果转录因子或蛋白质 j 对基因 i 具有调控作用，那么就有一个从节点 j 连接节点 i 的有向边。在式（5.1）中，a_i 和 c_i 分别表示 mRNA 和蛋白质的衰减速率。d_i 是翻译速率，$b_i(\cdot)$ 是第 i 个节点的调控函数，该函数通常是非线性的、关于变量 $\{p_1(t), p_2(t), \cdots, p_n(t)\}$ 的单调函数[140, 142, 144]。基因调控函数 $b_i(\cdot)$ 在基因调控动力行为中起着重要作用。一些基因可以被一些不同的转录因子中的某一个激活（"OR"逻辑）。其他的基因也许需要两个或更多的有界的转录因子共同激活（"AND"逻辑）。

这里，我们关注了一类所有的转录因子累加共同作用、调控第 i 个基因的基因调控网络模型。调控函数形式为 $b_i(p_1(t), p_2(t), \cdots, p_n(t)) = \sum_{j=1}^{n} b_{ij}(p_j(t))$，也被称为 SUM 逻辑[163-164]。SUM 逻辑确实在许多现实的基因调控网络中存在[164]。调控函数 $b_{ij}(p_j(t))$ 是一个 Hill 形式的单调函数[146, 154]：

$$b_{ij}(p_j(t)) = \begin{cases} \alpha_{ij} \dfrac{(p_j(t)/\beta_j)^{H_j}}{1 + (p_j(t)/\beta_j)^{H_j}}, & \text{如果转录因子 } j \text{ 是基因 } i \text{ 的激活子} \\[4mm] \alpha_{ij} \dfrac{1}{1 + (p_j(t)/\beta_j)^{H_j}}, & \text{如果转录因子 } j \text{ 是基因 } i \text{ 的抑制子} \end{cases}$$

其中，H_j 是 Hill 系数，β_j 为一个正常量，α_{ij} 是转录因子 j 对基因 i 的转录速率，它是一个有界的常量。

由 Li 等在文献[152]中首次提出了基于 SUM 逻辑的基因调控网络模型，对于有转录因子是基因 i 的抑制子的情况，基因调控网络可表示为

$$\begin{cases} \dot{m}_i(t) = -a_i m_i(t) + \sum_{j=1}^{n} w_{ij} g_j(p_j(t - \sigma(t))) + u_i, \\ \dot{p}_i(t) = -c_i p_i(t) + d_i m_i(t - \tau(t)), \quad i = 1, 2, \cdots, n, \end{cases} \tag{5.2}$$

这里 $g_j(x) = (x/\beta_j)^{H_j} / (1 + (x/\beta_j)^{H_j})$，$u_i = \sum_{j \in V_{i1}} \alpha_{ij}$，且 V_{i1} 为所有基因 i 的抑制子的转录因子 j 的集合。基因调控网络的连接矩阵 $W = (w_{ij}) \in R^{n \times n}$ 定义如下：如果转录因子 j 是基因 i 的激活子，那么 $w_{ij} = \alpha_{ij}$；如果节点 j 和节点 i 之间没有连接，那么 $w_{ij} = 0$；如果转录因子 j 是基因 i 的抑制子，那么 $w_{ij} = -\alpha_{ij}$。换言之，该矩阵定义了基因调控网络的拓扑结构、连接方向和转录速率。

对于转录因子都是基因 i 的激活子的情况，基因调控网络可表示为

$$\begin{cases} \dot{m}_i(t) = -a_i m_i(t) + \sum_{j=1}^{n} w_{ij} g_j(p_j(t - \sigma(t))), \\ \dot{p}_i(t) = -c_i p_i(t) + d_i m_i(t - \tau(t)), \quad i = 1, 2, \cdots, n, \end{cases} \tag{5.3}$$

其中，$W = (w_{ij}) \in R^{n \times n}$ 定义为 $w_{ij} = \alpha_{ij}$。

系统（5.3）改写为如下紧凑矩阵的形式

$$\begin{cases} \dot{m}(t) = -Am(t) + Wg(p(t - \sigma(t))), \\ \dot{p}(t) = -Cp(t) + Dm(t - \tau(t)), \end{cases} \tag{5.4}$$

其中

$m(t)=[m_1(t),m_2(t),\cdots,m_n(t)]^{\mathrm{T}},p(t)=[p_1(t),p_2(t),\cdots,p_n(t)]^{\mathrm{T}},A=diag\{a_1,a_2,\cdots,a_n\},$

$C=\mathrm{diag}\{c_1,c_2,\cdots,c_n\},D=\mathrm{diag}\{d_1,d_2,\cdots,d_n\},m(t-\tau(t))=[m_1(t-\tau(t)),m_2(t-\tau(t))$

$,\cdots,m_n(t-\tau(t))]^{\mathrm{T}},g(p(t-\sigma(t)))=[g_1(p_1(t-\sigma(t))),g_2(p_2(t-\sigma(t))),\cdots,g_n(p_n(t-\sigma(t)))]^{\mathrm{T}}.$

因为 g_i 是单调递增的饱和函数，对所有的 $x,y\in R$ 且 $x\neq y$ 满足，

$$0\leqslant\frac{g_i(x)-g_i(y)}{x-y}\leqslant k_i. \tag{5.5}$$

对真核生物来说，尽管抑制子偶尔发挥一些作用，但真核生物的基因主要是通过激活子来调控的[165]。这些激活子即转录因子。这样，当所有的转录因子 j 都是基因 i 的激活子时，我们考虑了下列带区间变时滞的不确定基因调控网络：

$$\begin{cases}\dot{m}(t)=-(A+\Delta A)m(t)+(W+\Delta W)g(p(t-\sigma(t))),\\\dot{p}(t)=-(C+\Delta C)p(t)+(D+\Delta D)m(t-\tau(t)).\end{cases} \tag{5.6}$$

假设条件 A. 参数不确定矩阵 $\Delta A,\Delta W,\Delta C$ 及 ΔD 为以下形式：

$$\Delta A=H_1F_1(t)E_1,\quad\Delta W=H_2F_2(t)E_2,\quad\Delta C=H_3F_3(t)E_3,\quad\Delta D=H_4F_4(t)E_4, \tag{5.7}$$

其中，$H_1,H_2,H_3,H_4,E_1,E_2,E_3$ 和 E_4 为已知的具有合适维数常量矩阵。不确定矩阵 $F_i(t),i=1,2,3,4$ 满足

$$F_i^{\mathrm{T}}(t)F_i(t)\leqslant I,\quad\forall t\in R. \tag{5.8}$$

假设条件 B. 时变时滞函数 $\tau(t)$ 和 $\sigma(t)$ 是满足以下两个条件的时变连续函数，

$$0\leqslant\tau_1\leqslant\tau(t)\leqslant\tau_2,\quad 0\leqslant\sigma_1\leqslant\sigma(t)\leqslant\sigma_2, \tag{5.9}$$

$$\dot{\tau}(t)\leqslant\mu,\quad\dot{\sigma}(t)\leqslant d, \tag{5.10}$$

其中，$0\leqslant\tau_1<\tau_2,0\leqslant\sigma_1<\sigma_2,\mu$ 和 d 为正常量。

5.3 基于 LMI 方法的基因调控网络渐近稳定性判据

下面是本章的第一个主要结论：

定理 5.1 对于给定的常量 $0 \leqslant \tau_1 < \tau_2, 0 \leqslant \delta_1 < \delta_2, \mu$ 和 d，系统（5.4）是全局渐近稳定的，如果存在矩阵 $P_1 > 0$，$P_2 > 0$，$Q_r = Q_r^{\mathrm{T}} \geqslant 0$，$r = 1,2,3$，$R_i = R_i^{\mathrm{T}} \geqslant 0$，$i = 1,2,\cdots,4$，$Z_j = Z_j^{\mathrm{T}} > 0$，$j = 1,2,3,4$，$\Lambda = \mathrm{diag}\{\lambda_1,\lambda_2,\cdots,\lambda_n\} \geqslant 0$，$T_j = \mathrm{diag}\{t_{1j},t_{2j},\cdots,t_{nj}\} \geqslant 0, j = 1,2$，$X = \begin{bmatrix} X_{11} & X_{12} \\ \star & X_{22} \end{bmatrix} \geqslant 0$，$Y = \begin{bmatrix} Y_{11} & Y_{12} \\ \star & Y_{22} \end{bmatrix} \geqslant 0$，$\tilde{X} = \begin{bmatrix} \tilde{X}_{11} & \tilde{X}_{12} \\ \star & \tilde{X}_{22} \end{bmatrix} \geqslant 0$，$\tilde{Y} = \begin{bmatrix} \tilde{Y}_{11} & \tilde{Y}_{12} \\ \star & \tilde{Y}_{22} \end{bmatrix} \geqslant 0$，$N = \begin{bmatrix} N_1 \\ N_2 \end{bmatrix}, M = \begin{bmatrix} M_1 \\ M_2 \end{bmatrix}, S = \begin{bmatrix} S_1 \\ S_2 \end{bmatrix}, L = \begin{bmatrix} L_1 \\ L_2 \end{bmatrix}$，$J = \begin{bmatrix} J_1 \\ J_2 \end{bmatrix}, V = \begin{bmatrix} V_1 \\ V_2 \end{bmatrix}$，以及矩阵 E，满足下列 LMIs（5.11）-（5.18）成立：

$$\Upsilon = \begin{bmatrix} \Upsilon_{11} & 0 & \Upsilon_{13} & 0 & 0 & P_1W & M_1 & -S_1 & 0 & 0 & -A^{\mathrm{T}}U_1 & 0 \\ \star & \Upsilon_{22} & P_2D & \Upsilon_{24} & \Upsilon_{25} & 0 & 0 & 0 & V_1 & -J_1 & 0 & -C^{\mathrm{T}}U_2 \\ \star & \star & \Upsilon_{33} & 0 & D^{\mathrm{T}}\Lambda & 0 & M_2 & -S_2 & 0 & 0 & 0 & D^{\mathrm{T}}U_2 \\ \star & \star & \star & \Upsilon_{44} & 0 & \Upsilon_{46} & 0 & 0 & V_2 & -J_2 & 0 & 0 \\ \star & \star & \star & \star & \Upsilon_{55} & 0 & 0 & 0 & 0 & 0 & 0 & 0 \\ \star & \star & \star & \star & \star & \Upsilon_{66} & 0 & 0 & 0 & 0 & W^{\mathrm{T}}U_1 & 0 \\ \star & \star & \star & \star & \star & \star & -Q_1 & 0 & 0 & 0 & 0 & 0 \\ \star & \star & \star & \star & \star & \star & \star & -Q_2 & 0 & 0 & 0 & 0 \\ \star & \star & \star & \star & \star & \star & \star & \star & -R_1 & 0 & 0 & 0 \\ \star & \star & \star & \star & \star & \star & \star & \star & \star & -R_2 & 0 & 0 \\ \star & \star & \star & \star & \star & \star & \star & \star & \star & \star & -U_1 & 0 \\ \star & \star & \star & \star & \star & \star & \star & \star & \star & \star & \star & -U_2 \end{bmatrix} < 0,$$

$$\tag{5.11}$$

$$\Upsilon^* = \begin{bmatrix} R_3 & E \\ \star & R_4 \end{bmatrix} > 0, \tag{5.12}$$

$$\Psi_1 = \begin{bmatrix} X & N \\ \star & Z_1 \end{bmatrix} \geqslant 0, \tag{5.13}$$

$$\Psi_2 = \begin{bmatrix} Y & M \\ \star & Z_2 \end{bmatrix} \geqslant 0, \tag{5.14}$$

$$\Psi_3 = \begin{bmatrix} X+Y & S \\ \star & Z_1+Z_2 \end{bmatrix} \geqslant 0 \tag{5.15}$$

$$\Psi_4 = \begin{bmatrix} \tilde{X} & L \\ \star & Z_3 \end{bmatrix} \geqslant 0, \tag{5.16}$$

$$\Psi_5 = \begin{bmatrix} \tilde{Y} & V \\ \star & Z_4 \end{bmatrix} \geqslant 0, \tag{5.17}$$

$$\Psi_6 = \begin{bmatrix} \tilde{X} + \tilde{Y} & J \\ \star & Z_3 + Z_4 \end{bmatrix} \geqslant 0, \tag{5.18}$$

其中

$$\varUpsilon_{11} = -P_1 A - A^{\mathrm{T}} P_1 + Q_1 + Q_2 + Q_3 + N_1 + N_1^{\mathrm{T}} + \tau_2 X_{11} + \delta Y_{11},$$

$$\varUpsilon_{13} = S_1 - N_1 - M_1 + N_2^{\mathrm{T}} + \tau_2 X_{12} + \delta Y_{12},$$

$$\varUpsilon_{22} = -P_2 C - C^{\mathrm{T}} P_2 + R_1 + R_2 + R_3 + L_1 + L_1^{\mathrm{T}} + \sigma_2 \tilde{X}_{11} + \gamma \tilde{Y}_{11},$$

$$\varUpsilon_{24} = J_1 - L_1 - V_1 + L_2^{\mathrm{T}} + \sigma_2 \tilde{X}_{12} + \gamma \tilde{Y}_{12},$$

$$\varUpsilon_{25} = KT_1 - C^{\mathrm{T}} \Lambda + E,$$

$$\varUpsilon_{33} = -(1-\mu)Q_3 + S_2 - N_2 - M_2 + S_2^{\mathrm{T}} - N_2^{\mathrm{T}} - M_2^{\mathrm{T}} + \tau_2 X_{22} + \delta Y_{22},$$

$$\varUpsilon_{44} = -(1-d)R_3 + J_2 - L_2 - V_2 + J_2^{\mathrm{T}} - L_2^{\mathrm{T}} - V_2^{\mathrm{T}} + \sigma_2 \tilde{X}_{22} + \gamma \tilde{Y}_{22},$$

$$\varUpsilon_{46} = KT_2 - (1-d)E,$$

$$\varUpsilon_{55} = R_4 - 2T_1,$$

$$\varUpsilon_{66} = -(1-d)R_4 - 2T_2,$$

$$U_1 = \tau_2 Z_1 + \delta Z_2,$$

$$U_2 = \sigma_2 Z_3 + \gamma Z_4,$$

$$\delta = \tau_2 - \tau_1,$$

$$\gamma = \sigma_2 - \sigma_1,$$

且 $K = \mathrm{diag}\{k_1, k_2, \cdots, k_n\}$.

证明： 我们考察下面的 Lyapunov-Krasovskii 泛函：

$$V(t) = V_1(t) + V_2(t) + V_3(t) + V_4(t), \tag{5.19}$$

其中

$$V_1(t) = m^{\mathrm{T}}(t) P_1 m(t) + p^{\mathrm{T}}(t) P_2 p(t) + 2 \sum_{i=1}^{n} \lambda_i \int_0^{y_i} g_i(s) \mathrm{d}s,$$

$$V_2(t) = \int_{t-\tau_1}^t m^{\mathrm{T}}(s)Q_1 m(s)\mathrm{d}s + \int_{t-\tau_2}^t m^{\mathrm{T}}(s)Q_2 m(s)\mathrm{d}s +$$

$$\int_{t-\sigma_1}^t p^{\mathrm{T}}(s)R_1 p(s)\mathrm{d}s + \int_{t-\sigma_2}^t p^{\mathrm{T}}(s)R_2 p(s)\mathrm{d}s,$$

$$V_3(t) = \int_{t-\tau(t)}^t m^{\mathrm{T}}(s)Q_3 m(s)\mathrm{d}s + \int_{t-\sigma(t)}^t \begin{bmatrix} p(s) \\ g(p(s)) \end{bmatrix}^{\mathrm{T}} \begin{bmatrix} R_3 & E \\ E^{\mathrm{T}} & R_4 \end{bmatrix} \begin{bmatrix} p(s) \\ g(p(s)) \end{bmatrix}\mathrm{d}s,$$

$$V_4(t) = \int_{-\tau_2}^0 \int_{t+\theta}^t \dot{m}^{\mathrm{T}}(s)Z_1 \dot{m}(s)\mathrm{d}s\mathrm{d}\theta + \int_{-\tau_2}^{-\tau_1} \int_{t+\theta}^t \dot{m}^{\mathrm{T}}(s)Z_2 \dot{m}(s)\mathrm{d}s\mathrm{d}\theta +$$

$$\int_{-\sigma_2}^0 \int_{t+\theta}^t \dot{p}^{\mathrm{T}}(s)Z_3 \dot{p}(s)\mathrm{d}s\mathrm{d}\theta + \int_{-\sigma_2}^{-\sigma_1} \int_{t+\theta}^t \dot{p}^{\mathrm{T}}(s)Z_4 \dot{p}(s)\mathrm{d}s\mathrm{d}\theta.$$

沿着系统（5.4）的解，我们分别计算和估计 V_1, V_2, V_3 和 V_4 的导数：

$$\dot{V}_1(t) = 2m^{\mathrm{T}}(t)P_1[-Am(t) + Wg(p(t-\sigma(t)))] +$$
$$2p^{\mathrm{T}}(t)P_2[-Cp(t) + Dm(t-\tau(t))] + \qquad (5.20)$$
$$2g^{\mathrm{T}}(p(t))\Lambda[-Cp(t) + Dm(t-\tau(t))],$$

$$\dot{V}_2(t) = m^{\mathrm{T}}(t)(Q_1 + Q_2)m(t) - m^{\mathrm{T}}(t-\tau_1)Q_1 m(t-\tau_1) - m^{\mathrm{T}}(t-\tau_2)Q_2 m(t-\tau_2) +$$
$$p^{\mathrm{T}}(t)(R_1 + R_2)p(t) - p^{\mathrm{T}}(t-\sigma_1)R_1 p(t-\sigma_1) - p^{\mathrm{T}}(t-\sigma_2)R_2 p(t-\sigma_2),$$

$$(5.21)$$

$$\dot{V}_3(t) \leqslant m^{\mathrm{T}}(t)Q_3 m(t) - (1-\mu)m^{\mathrm{T}}(t-\tau(t))Q_3 m(t-\tau(t)) +$$
$$\begin{bmatrix} p(t) \\ g(p(t)) \end{bmatrix}^{\mathrm{T}} \begin{bmatrix} R_3 & E \\ E^T & R_4 \end{bmatrix} \begin{bmatrix} p(t) \\ g(p(t)) \end{bmatrix} - \qquad (5.22)$$
$$(1-d)\begin{bmatrix} p(t-\sigma(t)) \\ g(p(t-\sigma(t))) \end{bmatrix}^{\mathrm{T}} \begin{bmatrix} R_3 & E \\ E^T & R_4 \end{bmatrix} \begin{bmatrix} p(t-\sigma(t)) \\ g(p(t-\sigma(t))) \end{bmatrix},$$

$$\dot{V}_4(t) = \dot{m}^{\mathrm{T}}(t)(\tau_2 Z_1 + (\tau_2 - \tau_1)Z_2)\dot{m}(t) + \dot{p}^{\mathrm{T}}(t)(\sigma_2 Z_3 + (\sigma_2 - \sigma_1)Z_4)\dot{p}(t) -$$
$$\int_{t-\tau_2}^t \dot{m}^{\mathrm{T}}(s)Z_1 \dot{m}(s)\mathrm{d}s - \int_{t-\tau_2}^{t-\tau_1} \dot{m}^{\mathrm{T}}(s)Z_2 \dot{m}(s)\mathrm{d}s -$$
$$\int_{t-\sigma_2}^t \dot{p}^{\mathrm{T}}(s)Z_3 \dot{p}(s)\mathrm{d}s - \int_{t-\sigma_2}^{t-\sigma_1} \dot{p}^{\mathrm{T}}(s)Z_4 \dot{p}(s)\mathrm{d}s$$
$$= \dot{m}^{\mathrm{T}}(t)(h_2 Z_1 + \delta Z_2)\dot{m}(t) + \dot{p}^{\mathrm{T}}(t)(\sigma_2 Z_3 + \gamma Z_4)\dot{p}(t) - \qquad (5.23)$$
$$\int_{t-\tau(t)}^t \dot{m}^{\mathrm{T}}(s)Z_1 \dot{m}(s)\mathrm{d}s - \int_{t-\tau(t)}^{t-\tau_1} \dot{m}^{\mathrm{T}}(s)Z_2 \dot{m}(s)\mathrm{d}s -$$
$$\int_{t-\tau_2}^{t-\tau(t)} \dot{m}^{\mathrm{T}}(s)(Z_1 + Z_2)\dot{m}(s)\mathrm{d}s - \int_{t-\sigma(t)}^t \dot{p}^{\mathrm{T}}(s)Z_3 \dot{p}(s)\mathrm{d}s -$$
$$\int_{t-\sigma(t)}^{t-\sigma_1} \dot{p}^{\mathrm{T}}(s)Z_4 \dot{p}(s)\mathrm{d}s - \int_{t-\sigma_2}^{t-\sigma(t)} \dot{p}^{\mathrm{T}}(s)(Z_3 + Z_4)\dot{p}(s)\mathrm{d}s.$$

由 Leibniz-Newton 公式，对任意合适维数矩阵 $N_i, M_i, S_i, J_i, L_i, V_i, i = 1, 2,$ 下列等式成立：

$$0 = 2[m^{\mathrm{T}}(t)S_1 + m^{\mathrm{T}}(t - \tau(t))S_2][m(t - \tau(t)) - m(t - \tau_2) - \int_{t-\tau_2}^{t-\tau(t)} \dot{m}(s)\mathrm{d}s], \quad (5.24)$$

$$0 = 2[m^{\mathrm{T}}(t)N_1 + m^{\mathrm{T}}(t - \tau(t))N_2][m(t) - m(t - \tau(t)) - \int_{t-\tau(t)}^{t} \dot{m}(s)\mathrm{d}s], \quad (5.25)$$

$$0 = 2[m^{\mathrm{T}}(t)M_1 + m^{\mathrm{T}}(t - \tau(t))M_2][m(t - \tau_1) - m(t - \tau(t)) - \int_{t-\tau(t)}^{t-\tau_1} \dot{m}(s)\mathrm{d}s], \quad (5.26)$$

$$0 = 2[p^{\mathrm{T}}(t)J_1 + p^{\mathrm{T}}(t - \sigma(t))J_2][p(t - \sigma(t)) - p(t - \sigma_2) - \int_{t-\sigma_2}^{t-\sigma(t)} \dot{p}(s)\mathrm{d}s], \quad (5.27)$$

$$0 = 2[p^{\mathrm{T}}(t)L_1 + p^{\mathrm{T}}(t - \sigma(t))L_2][p(t) - p(t - \sigma(t)) - \int_{t-\sigma(t)}^{t} \dot{p}(s)\mathrm{d}s], \quad (5.28)$$

$$0 = 2\Big[p^{\mathrm{T}}(t)V_1 + p^{\mathrm{T}}(t - \sigma(t))V_2 \Big]\Big[p(t - \sigma_1) - p(t - \sigma(t)) - \int_{t-\sigma(t)}^{t-\sigma_1} \dot{p}(s)\mathrm{d}s \Big]. \quad (5.29)$$

显然，由式（5.5），下列不等式也成立：

$$g_i(p_i(t))[g_i(p_i(t)) - k_i p_i(t)] \leqslant 0, i = 1, 2, \cdots, n,$$

并且

$$g_i(p_i(t - \sigma(t)))[g_i(p_i(t - \sigma(t))) - k_i p_i(t - \sigma(t))] \leqslant 0, i = 1, 2, \cdots, n.$$

因此，对于任意 $T_j = diag\{t_{1j}, t_{2j}, \cdots, t_{nj}\} \geqslant 0, j = 1, 2,$ 可以得到：

$$0 \leqslant -2\sum_{i=1}^{n} t_{i1} g_i(p_i(t))[g_i(p_i(t)) - k_i p_i(t)] -$$

$$2\sum_{i=1}^{n} t_{i2} g_i(p_i(t - \sigma(t)))[g_i(p_i(t - \sigma(t))) - k_i p_i(t - \sigma(t))]$$

$$= -2g^{\mathrm{T}}(p(t))T_1 g(p(t)) + 2p^{\mathrm{T}}(t)KT_1 g(p(t)) - \quad (5.30)$$

$$2g^{\mathrm{T}}(p(t - \sigma(t)))T_2 g(p(t - \sigma(t))) + 2p^{\mathrm{T}}(t - \sigma(t))KT_2 g(p(t - \sigma(t))).$$

此外，对于任意合适维数矩阵 $X = X^{\mathrm{T}} \geqslant 0, Y = Y^{\mathrm{T}} \geqslant 0, \tilde{X} = \tilde{X}^{\mathrm{T}} \geqslant 0$ 和 $\tilde{Y} = \tilde{Y}^{\mathrm{T}} \geqslant 0$，下列等式成立：

$$0 = \int_{t-\tau_2}^{t} \eta_1^{\mathrm{T}}(t)X\eta_1(t)\mathrm{d}s - \int_{t-\tau_2}^{t} \eta_1^{\mathrm{T}}(t)X\eta_1(t)\mathrm{d}s$$

$$= \tau_2 \eta_1^{\mathrm{T}}(t)X\eta_1(t) - \int_{t-\tau(t)}^{t-\tau(t)} \eta_1^{\mathrm{T}}(t)X\eta_1(t)\mathrm{d}s - \int_{t-\tau(t)}^{t} \eta_1^{\mathrm{T}}(t)X\eta_1(t)\mathrm{d}s, \quad (5.31)$$

$$0 = \int_{t-\tau_2}^{t-\tau_1} \eta_1^{\mathrm{T}}(t) Y \eta_1(t)\mathrm{d}s - \int_{t-\tau_2}^{t-\tau_1} \eta_1^{\mathrm{T}}(t) Y \eta_1(t)\mathrm{d}s$$
$$= (\tau_2 - \tau_1)\eta_1^{\mathrm{T}}(t) Y \eta_1(t) - \int_{t-\tau_2}^{t-\tau(t)} \eta_1^{\mathrm{T}}(t) Y \eta_1(t)\mathrm{d}s - \int_{t-\tau(t)}^{t-\tau_1} \eta_1^{\mathrm{T}}(t) Y \eta_1(t)\mathrm{d}s, \tag{5.32}$$

$$0 = \int_{t-\sigma_2}^{t} \eta_2^{\mathrm{T}}(t) \tilde{X} \eta_2(t)\mathrm{d}s - \int_{t-\sigma_2}^{t} \eta_2^{\mathrm{T}}(t) \tilde{X} \eta_2(t)\mathrm{d}s$$
$$= \sigma_2 \eta_2^{\mathrm{T}}(t) \tilde{X} \eta_2(t) - \int_{t-\sigma_2}^{t-\sigma(t)} \eta_2^{\mathrm{T}}(t) \tilde{X} \eta_2(t)\mathrm{d}s - \int_{t-\sigma(t)}^{t} \eta_2^{\mathrm{T}}(t) \tilde{X} \eta_2(t)\mathrm{d}s, \tag{5.33}$$

$$0 = \int_{t-\sigma_2}^{t-\sigma_1} \eta_2^{\mathrm{T}}(t) \tilde{Y} \eta_2(t)\mathrm{d}s - \int_{t-\sigma_2}^{t-\sigma_1} \eta_2^{\mathrm{T}}(t) \tilde{Y} \eta_2(t)\mathrm{d}s$$
$$= (\sigma_2 - \sigma_1)\eta_2^{\mathrm{T}}(t) \tilde{Y} \eta_2(t) - \int_{t-\sigma_2}^{t-\sigma(t)} \eta_2^{\mathrm{T}}(t) \tilde{Y} \eta_2(t)\mathrm{d}s - \int_{t-\sigma(t)}^{t-\sigma_1} \eta_2^{\mathrm{T}}(t) \tilde{Y} \eta_2(t)\mathrm{d}s, \tag{5.34}$$

其中 $\eta_1(t) = [m^{\mathrm{T}}(t) \quad m^{\mathrm{T}}(t-\tau(t))]^{\mathrm{T}}$, $\eta_2(t) = [p^{\mathrm{T}}(t) \quad p^{\mathrm{T}}(t-\sigma(t))]^{\mathrm{T}}$.

合并式（5.20）～式（5.23），并且将式（5.24）～式（5.34）右边代入到 $V(t)$ 的导数中，可得

$$\dot{V}(t) \leqslant \xi^{\mathrm{T}}(t)[\Upsilon_1 + \Upsilon_2^{\mathrm{T}}(\tau_2 Z_1 + \delta Z_2)\Upsilon_2 + \Upsilon_3^{\mathrm{T}}(\sigma_2 Z_3 + \gamma Z_4)\Upsilon_3]\xi(t) -$$
$$\int_{t-\tau(t)}^{t} \varsigma_1^{\mathrm{T}}(t,s)\Psi_1\varsigma_1(t,s)\mathrm{d}s - \int_{t-\tau(t)}^{t-\tau_1} \varsigma_1^{\mathrm{T}}(t,s)\Psi_2\varsigma_1(t,s)\mathrm{d}s -$$
$$\int_{t-\tau_2}^{t-\tau(t)} \varsigma_1^{\mathrm{T}}(t,s)\Psi_3\varsigma_1(t,s)\mathrm{d}s - \int_{t-\sigma(t)}^{t} \varsigma_2^{\mathrm{T}}(t,s)\Psi_4\varsigma_2(t,s)\mathrm{d}s -$$
$$\int_{t-\sigma(t)}^{t-\sigma_1} \varsigma_2^{\mathrm{T}}(t,s)\Psi_5\varsigma_2(t,s)\mathrm{d}s - \int_{t-\sigma_2}^{t-\sigma(t)} \varsigma_2^{\mathrm{T}}(t,s)\Psi_6\varsigma_2(t,s)\mathrm{d}s, \tag{5.35}$$

其中

$$\varsigma_1(t,s) = [m^{\mathrm{T}}(t) \quad m^{\mathrm{T}}(t-\tau(t)) \quad \dot{m}^{\mathrm{T}}(t)]^{\mathrm{T}}, \varsigma_2(t,s) = [p^{\mathrm{T}}(t) \quad p^{\mathrm{T}}(t-\sigma(t)) \quad \dot{p}^{\mathrm{T}}(t)]^{\mathrm{T}},$$

$$\xi(t) = [m^{\mathrm{T}}(t) \quad p^{\mathrm{T}}(t) \quad m^{\mathrm{T}}(t-\tau(t)) \quad p^{\mathrm{T}}(t-\sigma(t)) \quad g^{\mathrm{T}}(p(t)) \quad g^{\mathrm{T}}(p(t-\sigma(t)))$$
$$m^{\mathrm{T}}(t-\tau_1) \quad m^{\mathrm{T}}(t-\tau_2) \quad p^{\mathrm{T}}(t-\sigma_1) \quad p^{\mathrm{T}}(t-\sigma_2)]^{\mathrm{T}},$$

$$\Upsilon_1 = \begin{bmatrix} \Upsilon_{11} & 0 & \Upsilon_{13} & 0 & 0 & P_1 W & M_1 & -S_1 & 0 & 0 \\ \star & \Upsilon_{22} & P_2 D & \Upsilon_{24} & \Upsilon_{25} & 0 & 0 & 0 & V_1 & -J_1 \\ \star & \star & \Upsilon_{33} & 0 & D^T \Lambda & 0 & M_2 & -S_2 & 0 & 0 \\ \star & \star & \star & \Upsilon_{44} & 0 & \Upsilon_{46} & 0 & 0 & V_2 & -J_2 \\ \star & \star & \star & \star & \Upsilon_{55} & 0 & 0 & 0 & 0 & 0 \\ \star & \star & \star & \star & \star & \Upsilon_{66} & 0 & 0 & 0 & 0 \\ \star & \star & \star & \star & \star & \star & -Q_1 & 0 & 0 & 0 \\ \star & \star & \star & \star & \star & \star & \star & -Q_2 & 0 & 0 \\ \star & \star & \star & \star & \star & \star & \star & \star & -R_1 & 0 \\ \star & \star & \star & \star & \star & \star & \star & \star & \star & -R_2 \end{bmatrix},$$

$$\Upsilon_2 = [-A \ \ 0 \ \ 0 \ \ 0 \ \ 0 \ \ W \ \ 0 \ \ 0 \ \ 0 \ \ 0],$$

$$\Upsilon_3 = [0 \ \ -C \ \ D \ \ 0 \ \ 0 \ \ 0 \ \ 0 \ \ 0 \ \ 0 \ \ 0],$$

其他的符号定义参照定理 5.1。

由于 $\Psi_i \geq 0, i = 1, 2, \cdots, 6$，那么式（5.35）中的最后 6 项是小于 0 的。所以，根据 Schur 补，以下不等式成立：

$$\dot{V}(t) \leq \xi^{\mathrm{T}}(t) \Upsilon \xi(t) < 0 . \qquad (5.36)$$

因此，由 Lyapunov-Krasovskii 稳定性理论，具有区间变时滞的系统（5.4）是全局渐近稳定的。

注 5.1 在本章，由文献[166]的辅助矩阵的方法，在 Lyapunov 泛函中，我们引入了一个新的项 $\int_{t-\sigma(t)}^{t} \begin{bmatrix} p(s) \\ g(p(s)) \end{bmatrix}^{\mathrm{T}} \begin{bmatrix} R_3 & E \\ E^T & R_4 \end{bmatrix} \begin{bmatrix} p(s) \\ g(p(s)) \end{bmatrix} \mathrm{d}s$ 来代替 $\int_{t-\sigma(t)}^{t} [p^{\mathrm{T}}(s) R_3 p(s) + g^{\mathrm{T}}(p(s)) R_4 g(p(s))] \mathrm{d}s$。该项不仅包含了状态项 $\int_{t-\sigma(t)}^{t} [p^{\mathrm{T}}(s) R_3 p(s) + g^{\mathrm{T}}(p(s)) R_4 g(p(s))] \mathrm{d}s$，而且还包含了一个积分叉积项 $\int_{t-\sigma(t)}^{t} p^{\mathrm{T}}(s) E g(p(s)) \mathrm{d}s$。显然，矩阵 E 提供了额外的自由度并将带来具有较少保守性的结果。

注 5.2 在定理 5.1 中，我们提出了一个与时滞区间相关和导数相关的稳定性判据。需要说明的是：文献[152-153]所考虑的时滞是从 0 到一个上界。此外，在文献[152-153]中时变时滞 $\tau_1(t)$ 和 $\tau_2(t)$ 必须是可微的，且时滞函数的导数必须小于 1。由定理 5.1，我们可以看到这个限制已经去除。从这个意义上来说，本章得到的结果包括文献[152-153]的稳定性结果。

注 5.3 在本章中，注意到 $\tau(t), \tau_2 - \tau(t), \tau(t) - \tau_1$ 不是简单的缩放成 τ_2，$\tau_2 - \tau_1$ 和 $\tau_2 - \tau_1$。相反，我们考虑了 $\tau(t) + (\tau_2 - \tau(t)) = \tau_2$ 以及 $\tau_2 - \tau(t) + \tau(t) - \tau_1 = \tau_2 - \tau_1$ 这一关系。对于 $\sigma(t)$，我们也同样考虑了上述类似的关系。此外，定理 5.1 得出的过程没有忽略任何有用的项。然而，在文献[155]中，在估计 Lyapunov-Krasovskii 泛函关于时间的导数的上界时，一些有用的项被忽略了，$\tau(t), \sigma(t)$ 被简单地缩放为 τ_M, σ_M 或 τ_m, σ_m。例如，在文献[155]的式（16）中，当 $\tau_0 < \tau(t)$，$-\int_{t-\tau_0-\delta}^{t-\tau(t)} \dot{m}^{\mathrm{T}}(s) Q_4 \dot{m}(s) \mathrm{d}s - \int_{t-\tau_0}^{t-\tau_0+\delta} \dot{x}^{\mathrm{T}}(s) Q_4 \dot{m}(s) \mathrm{d}s$

被忽略了，而且 $\tau(t)$ 被放大为 τ_M。在文献[155]的式（18）中，当 $\tau_0 > \tau(t)$，$-\int_{t-\tau_0-\delta}^{t-\tau_0} \dot{m}^{\mathrm{T}}(s)Q_4\dot{m}(s)\mathrm{d}s - \int_{t-\tau(t)}^{t-\tau_0+\delta} \dot{m}^{\mathrm{T}}(s)Q_4\dot{m}(s)\mathrm{d}s$ 被忽略了，且 $\tau(t)$ 被缩减为 τ_m。值得说明的是：文献[155]中的结果是与时滞的导数无关的。事实上，在很多情况下，时变时滞的导数已知并且可能很小。因此，文献[155]结果的应用范围就受到了限制。在定理 5.1 中，基于参数 Y_{33}，Y_{44} 和 Y_{66}，时变时滞的导数 μ 和 d 可以为任意值或未知。因此，定理 5.1 既可适用于快时变时滞的情况又可适用于慢时变时滞的情况。

即使对未知 μ 和 d 的情况，定理 5.1 的结果也比现有的时滞相关稳定性准则具有较少的保守性。通过设定理 5.1 中的 $Q_3 = R_3 = R_4 = 0$，我们可以得到时滞函数只满足条件（5.9）的一个与时滞导数无关的稳定性准则：

推论 5.1 对于给定的常量 $0 \leqslant \tau_1 < \tau_2, 0 \leqslant \delta_1 < \delta_2$，系统（5.4）是全局渐近稳定的，如果存在矩阵 $P_1 > 0, P_2 > 0, Q_r = Q_r^{\mathrm{T}} \geqslant 0, r = 1,2, R_i = R_i^{\mathrm{T}} \geqslant 0, i = 1,2,$ $Z_j = Z_j^{\mathrm{T}} > 0, \quad j = 1,2,3,4, \quad \Lambda = \mathrm{diag}\{\lambda_1, \lambda_2, \cdots, \lambda_n\} \geqslant 0, \quad T_j = \mathrm{diag}\{t_{1j}, t_{2j}, \cdots, t_{nj}\} \geqslant 0,$ $j = 1,2, X = \begin{bmatrix} X_{11} & X_{12} \\ \star & X_{22} \end{bmatrix} \geqslant 0, Y = \begin{bmatrix} Y_{11} & Y_{12} \\ \star & Y_{22} \end{bmatrix} \geqslant 0, \tilde{X} = \begin{bmatrix} \tilde{X}_{11} & \tilde{X}_{12} \\ \star & \tilde{X}_{22} \end{bmatrix} \geqslant 0, \tilde{Y} = \begin{bmatrix} \tilde{Y}_{11} & \tilde{Y}_{12} \\ \star & \tilde{Y}_{22} \end{bmatrix} \geqslant 0,$ $N = \begin{bmatrix} N_1 \\ N_2 \end{bmatrix}, M = \begin{bmatrix} M_1 \\ M_2 \end{bmatrix}, S = \begin{bmatrix} S_1 \\ S_2 \end{bmatrix}, L = \begin{bmatrix} L_1 \\ L_2 \end{bmatrix}, J = \begin{bmatrix} J_1 \\ J_2 \end{bmatrix}, V = \begin{bmatrix} V_1 \\ V_2 \end{bmatrix}$，满足下列 LMI（5.37），式（5.13）~ 式（5.18）成立：

$$\tilde{Y} = \begin{bmatrix} \tilde{Y}_{11} & 0 & Y_{13} & 0 & 0 & P_1W & M_1 & -S_1 & 0 & 0 & -A^{\mathrm{T}}U_1 & 0 \\ \star & \tilde{Y}_{22} & P_2D & Y_{24} & \tilde{Y}_{25} & 0 & 0 & 0 & V_1 & -J_1 & 0 & -C^TU_2 \\ \star & \star & \tilde{Y}_{33} & 0 & D^{\mathrm{T}}\Lambda & 0 & M_2 & -S_2 & 0 & 0 & 0 & D^TU_2 \\ \star & \star & \star & \tilde{Y}_{44} & 0 & KT_2 & 0 & 0 & V_2 & -J_2 & 0 & 0 \\ \star & \star & \star & \star & -2T_1 & 0 & 0 & 0 & 0 & 0 & 0 & 0 \\ \star & \star & \star & \star & \star & -2T_2 & 0 & 0 & 0 & 0 & W^{\mathrm{T}}U_1 & 0 \\ \star & \star & \star & \star & \star & \star & -Q_1 & 0 & 0 & 0 & 0 & 0 \\ \star & \star & \star & \star & \star & \star & \star & -Q_2 & 0 & 0 & 0 & 0 \\ \star & \star & \star & \star & \star & \star & \star & \star & -R_1 & 0 & 0 & 0 \\ \star & \star & \star & \star & \star & \star & \star & \star & \star & -R_2 & 0 & 0 \\ \star & \star & \star & \star & \star & \star & \star & \star & \star & \star & -U_1 & 0 \\ \star & \star & \star & \star & \star & \star & \star & \star & \star & \star & \star & -U_2 \end{bmatrix} < 0,$$

（5.37）

其中

$$\tilde{Y}_{11} = -P_1A - A^T P_1 + Q_1 + Q_2 + N_1 + N_1^T + \tau_2 X_{11} + \delta Y_{11},$$

$$\tilde{Y}_{22} = -P_2C - C^T P_2 + R_1 + R_2 + L_1 + L_1^T + \sigma_2 \tilde{X}_{11} + \gamma \tilde{Y}_{11},$$

$$\tilde{Y}_{25} = KT_1 - C^T \Lambda,$$

$$\tilde{Y}_{33} = S_2 - N_2 - M_2 + S_2^T - N_2^T - M_2^T + \tau_2 X_{22} + \delta Y_{22},$$

$$\tilde{Y}_{44} = J_2 - L_2 - V_2 + J_2^T - L_2^T - V_2^T + \sigma_2 \tilde{X}_{22} + \gamma \tilde{Y}_{22},$$

其他符号定义参见定理 5.1。

针对 $0 \leqslant \tau(t) < \tau_2$，$0 \leqslant \sigma(t) < \sigma_2$，这种情况，即时滞的范围是从 0 到某个上界。在定理 5.1 中，设 $M_i = 0, i = 1,2, V_j = 0, j = 1,2, Y = 0, \tilde{Y} = 0, Q_1 = \lambda_1 I$，$R_1 = \lambda_2 I, Z_2 = \lambda_3 I$ 以及 $Z_4 = \lambda_4 I$，其中 $\lambda_i > 0, i = 1,2,3,4$ 是很小的常量，那么可得出下面的推论。

推论 5.2 对于给定的常量 $\tau_1 = \sigma_1 = 0, \tau_2 > 0, \sigma_2 > 0, \mu$ 和 d，系统（5.4）是全局渐近稳定的，如果存在矩阵 $P_1 > 0, P_2 > 0, Q_r = Q_r^T \geqslant 0, r = 2,3$，$R_i = R_i^T \geqslant 0, i = 2,3,4, Z_j = Z_j^T > 0$，$j = 1,3$，$\Lambda = \text{diag}\{\lambda_1, \lambda_2, \cdots, \lambda_n\} \geqslant 0$，$T_j = \text{diag}\{t_{1j}, t_{2j}, \cdots, t_{nj}\} \geqslant 0$，$j = 1,2, X = \begin{bmatrix} X_{11} & X_{12} \\ \star & X_{22} \end{bmatrix} \geqslant 0, \tilde{X} = \begin{bmatrix} \tilde{X}_{11} & \tilde{X}_{12} \\ \star & \tilde{X}_{22} \end{bmatrix} \geqslant 0, N = \begin{bmatrix} N_1 \\ N_2 \end{bmatrix}$，$S = \begin{bmatrix} S_1 \\ S_2 \end{bmatrix}, L = \begin{bmatrix} L_1 \\ L_2 \end{bmatrix}, J = \begin{bmatrix} J_1 \\ J_2 \end{bmatrix}$，以及矩阵 E，满足下列 LMI（5.38）~（5.43）成立：

$$\begin{bmatrix} \Xi_{11} & 0 & \Xi_{13} & 0 & 0 & P_1W & -S_1 & 0 & -\tau_2 A^T Z_1 & 0 \\ \star & \Xi_{22} & P_2D & \Xi_{24} & \Xi_{25} & 0 & 0 & -J_1 & 0 & -\sigma_2 C^T Z_3 \\ \star & \star & \Xi_{33} & 0 & D^T \Lambda & 0 & -S_2 & 0 & 0 & \sigma_2 D^T Z_3 \\ \star & \star & \star & \Xi_{44} & 0 & \Xi_{46} & 0 & -J_2 & 0 & 0 \\ \star & \star & \star & \star & \Xi_{55} & 0 & 0 & 0 & 0 & 0 \\ \star & \star & \star & \star & \star & \Xi_{66} & 0 & 0 & \tau_2 W^T Z_1 & 0 \\ \star & \star & \star & \star & \star & \star & -Q_2 & 0 & 0 & 0 \\ \star & \star & \star & \star & \star & \star & \star & -R_2 & 0 & 0 \\ \star & \star & \star & \star & \star & \star & \star & \star & -\tau_2 Z_1 & 0 \\ \star & \star & \star & \star & \star & \star & \star & \star & \star & -\sigma_2 Z_3 \end{bmatrix} < 0,$$

$$(5.38)$$

$$\Xi_1 = \begin{bmatrix} R_3 & E \\ \star & R_4 \end{bmatrix} > 0, \tag{5.39}$$

$$\Xi_2 = \begin{bmatrix} X & N \\ \star & Z_1 \end{bmatrix} \geqslant 0, \tag{5.40}$$

$$\Xi_3 = \begin{bmatrix} X & S \\ \star & Z_1 \end{bmatrix} \geqslant 0, \tag{5.41}$$

$$\Xi_4 = \begin{bmatrix} \tilde{X} & L \\ \star & Z_3 \end{bmatrix} \geqslant 0, \tag{5.42}$$

$$\Xi_5 = \begin{bmatrix} \tilde{X} & J \\ \star & Z_3 \end{bmatrix} \geqslant 0, \tag{5.43}$$

其中

$$\Xi_{11} = -P_1 A - A^T P_1 + Q_2 + Q_3 + N_1 + N_1^T + \tau_2 X_{11},$$

$$\Xi_{13} = S_1 - N_1 + N_2^T + \tau_2 X_{12},$$

$$\Xi_{22} = -P_2 C - C^T P_2 + R_2 + R_3 + L_1 + L_1^T + \sigma_2 \tilde{X}_{11},$$

$$\Xi_{24} = J_1 - L_1 + L_2^T + \sigma_2 \tilde{X}_{12},$$

$$\Xi_{25} = K T_1 - C^T \Lambda + E,$$

$$\Xi_{33} = -(1-\mu)Q_3 + S_2 - N_2 + S_2^T - N_2^T + \tau_2 X_{22},$$

$$\Xi_{44} = -(1-d)R_3 + J_2 - L_2 + J_2^T - L_2^T + \sigma_2 \tilde{X}_{22},$$

$$\Xi_{46} = K T_2 - (1-d)E,$$

$$\Xi_{55} = R_4 - 2T_1,$$

$$\Xi_{66} = -(1-d)R_4 - 2T_2,$$

且 $K = \text{diag}\{k_1, k_2, \cdots, k_n\}$.

注 5.4 定理 5.1、推论 5.1 与推论 5.2 不仅适用转录因子都是基因 i 的激活子的情况，而且还适用于有转录因子是基因 i 的抑制子的情况。

5.4 基于 LMI 方法的基因调控网络鲁棒稳定性判据

定理 5.2 对于给定的常量 $0 \leqslant \tau_1 < \tau_2, 0 \leqslant \delta_1 < \delta_2, \mu$ 和 d , 系统（5.6）是

全局鲁棒渐近稳定的，如果存在矩阵 $P_1 > 0$，$P_2 > 0$，$Q_r = Q_r^T \geq 0$，$r = 1, 2, 3$，

$R_i = R_i^T \geq 0$，$i = 1, 2, \cdots, 4$，$Z_j = Z_j^T > 0$，$j = 1, 2, 3, 4$，$\Lambda = \mathrm{diag}\{\lambda_1, \lambda_2, \cdots, \lambda_n\} \geq 0$，$T_j = $

$\mathrm{diag}\{t_{1j}, t_{2j}, \cdots, t_{nj}\} \geq 0$，$j = 1, 2$，$X = \begin{bmatrix} X_{11} & X_{12} \\ \star & X_{22} \end{bmatrix} \geq 0$，$Y = \begin{bmatrix} Y_{11} & Y_{12} \\ \star & Y_{22} \end{bmatrix} \geq 0$，$\tilde{X} = \begin{bmatrix} \tilde{X}_{11} & \tilde{X}_{12} \\ \star & \tilde{X}_{22} \end{bmatrix} \geq 0$，

$\tilde{Y} = \begin{bmatrix} \tilde{Y}_{11} & \tilde{Y}_{12} \\ \star & \tilde{Y}_{22} \end{bmatrix} \geq 0$，$N = \begin{bmatrix} N_1 \\ N_2 \end{bmatrix}$，$M = \begin{bmatrix} M_1 \\ M_2 \end{bmatrix}$，$S = \begin{bmatrix} S_1 \\ S_2 \end{bmatrix}$，$L = \begin{bmatrix} L_1 \\ L_2 \end{bmatrix}$，$J = \begin{bmatrix} J_1 \\ J_2 \end{bmatrix}$，$V = \begin{bmatrix} V_1 \\ V_2 \end{bmatrix}$，

矩阵 E，以及 4 个正常量 ε_i，$i = 1, 2, 3, 4$，满足下列 LMI（5.44），式（5.12）~

式（5.18）成立：

$$\begin{bmatrix} \Upsilon + \Omega & \Omega_1 & \Omega_3 & \Omega_5 & \Omega_7 \\ \star & -\varepsilon_1 I & 0 & 0 & 0 \\ \star & \star & -\varepsilon_2 I & 0 & 0 \\ \star & \star & \star & -\varepsilon_3 I & 0 \\ \star & \star & \star & \star & -\varepsilon_4 I \end{bmatrix} < 0, \qquad (5.44)$$

其中

$$\Omega = \mathrm{diag}\{\varepsilon_1 E_1^T E_1, \quad \varepsilon_3 E_3^T E_3, \quad \varepsilon_4 E_4^T E_4, \quad 0, \quad 0, \quad \varepsilon_2 E_2^T E_2, \quad 0, \quad 0, \quad 0, \quad 0, \quad 0\},$$

$$\Omega_1 = [H_1^T P_1^T \quad 0 \quad 0 \quad 0 \quad 0 \quad 0 \quad 0 \quad 0 \quad 0 \quad H_1^T U_1 \quad 0]^T,$$

$$\Omega_3 = [H_2^T P_1^T \quad 0 \quad 0 \quad 0 \quad 0 \quad 0 \quad 0 \quad 0 \quad 0 \quad H_2^T U_1 \quad 0]^T,$$

$$\Omega_5 = [0 \quad H_3^T P_2^T \quad 0 \quad 0 \quad 0 \quad 0 \quad 0 \quad 0 \quad 0 \quad H_3^T U_2]^T,$$

$$\Omega_7 = [0 \quad H_4^T P_2^T \quad 0 \quad 0 \quad 0 \quad 0 \quad 0 \quad 0 \quad 0 \quad H_4^T U_2]^T,$$

且 Υ 的定义参考定理 5.1。

证明： 由引理 2.1 和等式（5.7），如果下列不等式成立，系统（5.6）是

全局鲁棒渐近稳定的：

$$\Upsilon + \Omega_1 F_1(t) \Omega_2^T + \Omega_2 F_1(t) \Omega_1^T + \Omega_3 F_2(t) \Omega_4^T + \Omega_4 F_2(t) \Omega_3^T +$$

$$\Omega_5 F_3(t) \Omega_6^T + \Omega_6 F_3(t) \Omega_5^T + \Omega_7 F_4(t) \Omega_8^T + \Omega_8 F_4(t) \Omega_7^T < 0 \qquad (5.45)$$

由引理 2.2（i）和（5.8），不等式（5.45）成立，如果下列不等式满足：

$$\Upsilon + \varepsilon_1^{-1} \Omega_1 \Omega_1^T + \varepsilon_1 \Omega_2 \Omega_2^T + \varepsilon_2^{-1} \Omega_3 \Omega_3^T + \varepsilon_2 \Omega_4 \Omega_4^T + \varepsilon_3^{-1} \Omega_5 \Omega_5^T + \varepsilon_3 \Omega_6 \Omega_6^T +$$

$$\varepsilon_4^{-1} \Omega_7 \Omega_7^T + \varepsilon_4 \Omega_8 \Omega_8^T \qquad (5.46)$$

$$= \Upsilon + \Omega + \varepsilon_1^{-1} \Omega_1 \Omega_1^T + \varepsilon_2^{-1} \Omega_3 \Omega_3^T + \varepsilon_3^{-1} \Omega_5 \Omega_5^T + \varepsilon_4^{-1} \Omega_7 \Omega_7^T < 0$$

其中

$$\Omega_2 = [-E_1 \ 0 \ 0 \ 0 \ 0 \ 0 \ 0 \ 0 \ 0 \ 0 \ 0 \ 0]^T,$$

$$\Omega_6 = [0 \ -E_3 \ 0 \ 0 \ 0 \ 0 \ 0 \ 0 \ 0 \ 0 \ 0 \ 0]^T,$$

$$\Omega_4 = [0 \ 0 \ 0 \ 0 \ 0 \ E_2 \ 0 \ 0 \ 0 \ 0 \ 0 \ 0]^T,$$

$$\Omega_8 = [0 \ 0 \ E_4 \ 0 \ 0 \ 0 \ 0 \ 0 \ 0 \ 0 \ 0 \ 0]^T,$$

且 $\varepsilon_1 > 0, \varepsilon_2 > 0, \varepsilon_3 > 0, \varepsilon_4 > 0$，其他的参数值定义参照定理 5.2。

由引理 2.1，不等式（5.46）与线性矩阵不等式（5.44）等价。于是，如果线性矩阵不等式（5.44）与式（5.12）~式（5.18））成立，系统（5.6）是鲁棒渐近稳定的。证毕。

由定理 5.2 和推论 5.1，可以得出下面与导数无关的推论 5.3。

推论 5.3 对于给定的常量 $0 \leqslant \tau_1 < \tau_2, 0 \leqslant \delta_1 < \delta_2$，系统（5.6）是鲁棒渐近稳定的，如果存在矩阵 $P_1 > 0, P_2 > 0, Q_r = Q_r^T \geqslant 0, r = 1,2, \quad R_i = R_i^T \geqslant 0, \quad i = 1,2,$ $Z_j = Z_j^T > 0, \quad j = 1,2,3,4, \quad \Lambda = \mathrm{diag}\{\lambda_1, \lambda_2, \cdots, \lambda_n\} \geqslant 0, \quad T_j = \mathrm{diag}\{t_{1j}, t_{2j}, \cdots, t_{nj}\} \geqslant 0,$ $j = 1,2, X = \begin{bmatrix} X_{11} & X_{12} \\ \star & X_{22} \end{bmatrix} \geqslant 0, Y = \begin{bmatrix} Y_{11} & Y_{12} \\ \star & Y_{22} \end{bmatrix} \geqslant 0,$ $\tilde{X} = \begin{bmatrix} \tilde{X}_{11} & \tilde{X}_{12} \\ \star & \tilde{X}_{22} \end{bmatrix} \geqslant 0, \tilde{Y} = \begin{bmatrix} \tilde{Y}_{11} & \tilde{Y}_{12} \\ \star & \tilde{Y}_{22} \end{bmatrix} \geqslant 0, N = \begin{bmatrix} N_1 \\ N_2 \end{bmatrix}, \quad M = \begin{bmatrix} M_1 \\ M_2 \end{bmatrix}, \quad S = \begin{bmatrix} S_1 \\ S_2 \end{bmatrix}, \quad L = \begin{bmatrix} L_1 \\ L_2 \end{bmatrix},$ $J = \begin{bmatrix} J_1 \\ J_2 \end{bmatrix}, V = \begin{bmatrix} V_1 \\ V_2 \end{bmatrix}$，以及 4 个正常量 $\varepsilon_i, i = 1,2,3,4$，满足下列 LMI（5.47）以及式（5.13）~式（5.18）成立：

$$\begin{bmatrix} \tilde{\Gamma} + \Omega & \Omega_1 & \Omega_3 & \Omega_5 & \Omega_7 \\ \star & -\varepsilon_1 I & 0 & 0 & 0 \\ \star & \star & -\varepsilon_2 I & 0 & 0 \\ \star & \star & \star & -\varepsilon_3 I & 0 \\ \star & \star & \star & \star & -\varepsilon_4 I \end{bmatrix} < 0, \tag{5.47}$$

其中 $\tilde{\Gamma}$ 和 Ω 参照推论 5.1 和定理 5.2。

5.5 数值实例

在本节中，将通过几个数值例子来验证本章所得结果的有效性和较少保守性。用 MATLAB 软件中的 LMI 工具箱来解线性矩阵不等式，用程序 DDE23 来求解时滞微分方程。

例 5.1　本例考虑一个现有的生物系统 Repressilator 的动力学行为，该系统已在大肠杆菌中得到了充分的理论分析和实验研究[146]。该 Repressilator 是一个负反馈循环回路，包括 3 个抑制基因（ *lacI* ，*tetR* ，和 *cl* ）和它们的启动子。系统的动力学行为决定于 6 个耦合的一阶微分方程组。考虑到时间延迟，形式如下：

$$
\begin{cases}
\dot{m}_i(t) = -m_i + \dfrac{\alpha^{rep}}{1 + p_j^n(t - \sigma(t))}, \\
\dot{p}_i = -\beta^{rep}(p_i - m_i(t - \tau(t))),
\end{cases}
\tag{5.48}
$$

$$
i = lacl, tetR, cl;\ j = cl, lacl, tetR.
$$

其中，m_i 和 p_i 分别表示 3 个 mRNA 和抑制子蛋白质的浓度，$\beta > 0$ 指蛋白质的衰减率与 mRNA 的衰变率之比。n 是 Hill 系数。由式（5.48）可得

$$
\begin{cases}
\dot{m}_i(t) = -m_i - \alpha^{rep}\dfrac{p_j^n(t - \sigma(t))}{1 + p_j^n(t - \sigma(t))} + \alpha^{rep}, \\
\dot{p}_i = -\beta^{rep}(p_i - m_i(t - \tau(t))).
\end{cases}
\tag{5.49}
$$

根据式（5.3），由式（5.49），有，

$$
A = \operatorname{diag}\{1,1,1\},\ C = \operatorname{diag}\{\beta,\beta,\beta\},\ D = \operatorname{diag}\{\beta,\beta,\beta\},
$$

$$
W = \begin{bmatrix} 0 & 0 & -\alpha \\ -\alpha & 0 & 0 \\ 0 & -\alpha & 0 \end{bmatrix},\ u = [\alpha\ \ \alpha\ \ \alpha]^{\mathrm{T}}。
$$

选择一组在生物学上合理的取值，$n = 2$，$\alpha = 1.5$，$\beta = 1$。令 $\tau(t) = 0.6|\sin(t)| + 0.1$，$\sigma(t) = 0.3|\cos(t)| + 0.1$。由本章推论 5.1，求解线性矩阵不等式（5.37），式（5.13）~式（5.18），我们可以得到一个可行解，因此，该 Repressilator 是全局渐近稳定的。篇幅所限，仅列出可行解的一部分：

$$
P_1 = \begin{bmatrix} 9.327\,9 & 0.570\,3 & 0.570\,3 \\ 0.570\,3 & 9.327\,9 & 0.570\,3 \\ 0.570\,3 & 0.570\,3 & 9.327\,9 \end{bmatrix},\ P_2 = \begin{bmatrix} 8.383\,8 & 0.317\,2 & 0.317\,2 \\ 0.317\,2 & 8.383\,8 & 0.317\,2 \\ 0.317\,2 & 0.317\,2 & 8.383\,8 \end{bmatrix},
$$

$$Q_1 = \begin{bmatrix} 3.099\,7 & 0.091\,8 & 0.091\,8 \\ 0.091\,8 & 3.099\,7 & 0.091\,8 \\ 0.091\,8 & 0.091\,8 & 3.099\,7 \end{bmatrix}.$$

例 5.2 考察下列带区间时变时滞的基因调控网络，参数如下：

$$A = \mathrm{diag}\{3,3,3\}, C = \mathrm{diag}\{2.5,2.5,2.5\}, D = \mathrm{diag}\{0.8,0.8,0.8\},$$

$$W = \begin{bmatrix} 0 & 0 & -2.5 \\ -2.5 & 0 & 0 \\ 0 & -2.5 & 0 \end{bmatrix},$$

并且 $g(x) = x^2/(1+x^2)$，意味着 $k_i = 0.65, K = \mathrm{diag}\{0.65,0.65,0.65\}$.

情形 1. 对于时变时滞的导数小于 1 的情况，如 $\mu = 0.5, d = 0.7$。

我们在文献[152]中的条件（9）所提供的线性矩阵不等式发现没有可行解。然而，由本章的定理 5.1，对于 $\tau(t) = 0.6+0.5\sin(t), \delta(t) = 1.1+0.7\sin(t)$，系统是渐近稳定的，并得到了 LMI（36）和式（13）~式（18）的可行解。在此，我们只列出其中的一部分：

$$P_1 = \begin{bmatrix} 2.126\,6 & 0.000\,6 & 0.000\,6 \\ 0.000\,6 & 2.126\,6 & 0.000\,6 \\ 0.000\,6 & 0.000\,6 & 2.126\,6 \end{bmatrix}, P_2 = \begin{bmatrix} 3.642\,7 & 0.000\,4 & 0.000\,4 \\ 0.000\,4 & 3.642\,7 & 0.000\,4 \\ 0.000\,4 & 0.000\,4 & 3.642\,7 \end{bmatrix},$$

$$Q_1 = \begin{bmatrix} 1.102\,4 & 0.000\,6 & 0.000\,6 \\ 0.000\,6 & 1.102\,4 & 0.000\,6 \\ 0.000\,6 & 0.000\,6 & 1.102\,4 \end{bmatrix}.$$

注意到，当 $\mu < 0.5, d < 0.7$，由本章的定理 5.1，对任意 $\tau > 0, \delta > 0$，均是满足的且具有可行解的。实际上，这个系统是时滞无关渐近稳定的。而由文献[152，155]的结果，我们不能得出这个结论。

情形 2. 对于常时滞的情况，如 $\tau(t) = 1.2, \delta(t) = 1.7, \mu = 0$ 和 $d = 0$。

我们在文献[152]的条件（9）所提供的线性矩阵不等式中没有发现可行解，因此，它不能提供该系统是否稳定的信息。由本章的推论 5.2，可以发现系统仍然是全局渐近稳定的，部分可行解如下：

$$P_1 = \begin{bmatrix} 28.356\,2 & -0.001\,3 & -0.001\,3 \\ -0.001\,3 & 28.356\,2 & -0.001\,3 \\ -0.001\,3 & -0.001\,3 & 28.356\,2 \end{bmatrix}, P_2 = \begin{bmatrix} 39.510\,5 & 0.004\,5 & 0.004\,5 \\ 0.004\,5 & 39.510\,5 & 0.004\,5 \\ 0.004\,5 & 0.004\,5 & 39.510\,5 \end{bmatrix},$$

$$Q_1 = \begin{bmatrix} 19.707\,6 & 0.004\,2 & 0.004\,2 \\ 0.004\,2 & 19.707\,6 & 0.004\,2 \\ 0.004\,2 & 0.004\,2 & 19.707\,6 \end{bmatrix}.$$

为了更详细地验证我们的理论结果，与文献[152]相似，下面我们考虑一个具有 5 个节点的基因调控网络，如图 5.1 所示。其中，每一个椭圆表示一个节点，节点之间的连线表示调控连接，↑ 表示激活作用。假设所有的转录速率都为 0.8。由章节 5.2 中的关于节点间连接的定义，可以得到下面的基因网络连接矩阵：

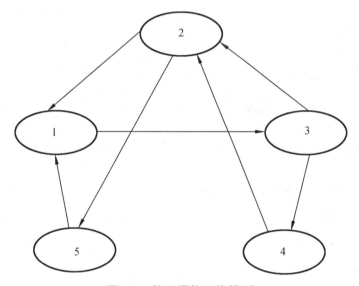

图 5.1 基因调控网络模型

Fig.5.1 Genetic network model（ ↑ ： activation ）

$$W = 0.8 \times \begin{bmatrix} 0 & 1 & 0 & 0 & 1 \\ 0 & 0 & 1 & 1 & 0 \\ 1 & 0 & 0 & 0 & 0 \\ 0 & 0 & 1 & 0 & 0 \\ 0 & 1 & 0 & 0 & 0 \end{bmatrix}.$$

例 5.3 考虑图 5.1 描述的具有参数不确定影响的基因调控网络：

$A = \mathrm{diag}\{3, 2, 5, 1.5, 4\}$, $C = \mathrm{diag}\{5, 4, 5, 4.5, 4\}$, $D = \mathrm{diag}\{0.3, 0.2, 0.4, 0.2, 0.2\}$,

$$E_1 = \begin{bmatrix} 0.004 & 0.001 & -0.002 & -0.001 & 0.001 \\ 0.001 & 0.004 & -0.001 & 0.001 & 0.002 \\ -0.002 & -0.001 & 0.003 & 0.001 & 0 \\ -0.001 & 0.001 & 0.001 & 0.004 & 0.001 \\ 0.001 & 0.002 & 0 & 0.001 & 0.004 \end{bmatrix},$$

$$E_3 = \begin{bmatrix} 0.4 & 0.1 & -0.2 & -0.1 & 0.1 \\ 0.1 & 0.4 & -0.1 & 0.1 & 0.2 \\ -0.2 & -0.1 & 0.3 & 0.1 & 0 \\ -0.1 & 0.1 & 0.1 & 0.4 & 0.1 \\ 0.1 & 0.2 & 0 & 0.1 & 0.4 \end{bmatrix}, \quad E_2 = \begin{bmatrix} 0 & 0.2 & 0.2 & 0 & 0 \\ 0.2 & 0 & 0 & 0.2 & 0.2 \\ 0 & -0.2 & 0 & 0 & 0.2 \\ 0.2 & 0 & 0.2 & 0 & 0 \\ 0 & 0 & -0.2 & 0.2 & 0 \end{bmatrix},$$

$$E_4 = E_2, \quad H_2 = H_3 = H_4 = H_1 = I,$$

$$F_1(t) = \mathrm{diag}\{\sin(t), \cos(2t), \cos(t), \cos(t^2), -\sin(t)\}, \quad F_2(t) = F_4(t) = I,$$

$$F_3(t) = \mathrm{diag}\{-0.01\sin(t), -0.01\cos(2t), -0.01\cos(t), -0.01\cos(t)/2, 0.01\sin(t)\},$$

$$g(x) = x^2/(1+x^2), \quad \tau(t) = 1.5|\sin(t)| + 0.25 \; 和 \;\; \sigma(t) = 0.125|\cos(t)| + 0.125.$$

　　显然，文献[155]中的条件（24）不具有可行解。然而，由推论 5.3，通过求解线性矩阵不等式（5.47）以及式（5.13）~式（5.18）我们得到了可行解。由于论文篇幅所限，在此仅列出可行解的一部分。图 5.2 给出了分别具有 3 个初始条件的变量 $m_i(t)$ 和 $p_i(t)$ 的时间响应曲线。

$$P_1 = \begin{bmatrix} 0.269\,3 & -0.005\,2 & 0.001\,9 & -0.000\,4 & -0.005\,0 \\ -0.005\,2 & 0.229\,5 & 0.000\,3 & -0.036\,7 & -0.004\,8 \\ 0.001\,9 & 0.000\,3 & 0.227\,6 & -0.003\,4 & -0.000\,5 \\ -0.000\,4 & -0.036\,7 & -0.003\,4 & 0.216\,0 & 0.000\,7 \\ -0.005\,0 & -0.004\,8 & -0.000\,5 & 0.000\,7 & 0.254\,4 \end{bmatrix},$$

$$P_2 = \begin{bmatrix} 0.114\,4 & 0.003\,0 & -0.002\,8 & -0.001\,3 & 0.002\,6 \\ 0.003\,0 & 0.132\,8 & -0.000\,4 & 0.002\,7 & 0.005\,5 \\ -0.002\,8 & -0.000\,4 & 0.112\,5 & 0.004\,0 & -0.000\,5 \\ -0.001\,3 & 0.002\,7 & 0.004\,0 & 0.126\,8 & 0.002\,7 \\ 0.002\,6 & 0.005\,5 & -0.000\,5 & 0.002\,7 & 0.126\,6 \end{bmatrix}.$$

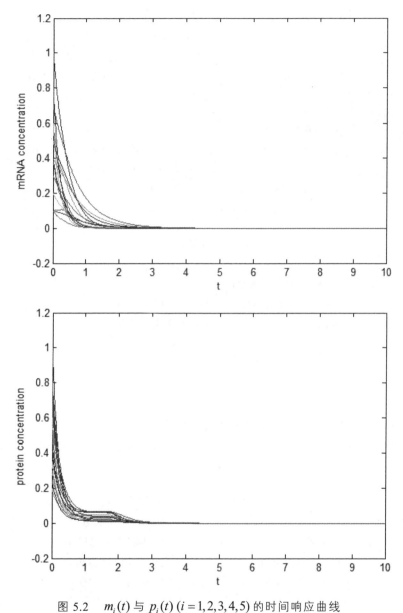

图 5.2 $m_i(t)$ 与 $p_i(t)$ $(i=1,2,3,4,5)$ 的时间响应曲线

Fig.5.2   Transient response of $m_i(t)$ and $p_i(t)$ $(i=1,2,3,4,5)$.

例 5.4   考虑如下的带区间变时滞的不确定基因调控网络：

$A = \text{diag}\{3,4,5,4,4\}$, $C = \text{diag}\{5,4,5,4.5,4\}$, $D = \text{diag}\{0.5,0.5,0.3,0.2,0.4\}$,

$$W = \begin{bmatrix} 0 & 1 & 0 & 0 & 1 \\ 0 & 0 & 1 & 1 & 0 \\ 1 & 0 & 0 & 1 & 0 \\ 0 & 0 & 1 & 0 & 0 \\ 0 & 1 & 0 & 1 & 0 \end{bmatrix}, \quad E_1 = \begin{bmatrix} 0.04 & 0.01 & -0.02 & -0.01 & 0.01 \\ 0.01 & 0.04 & -0.01 & 0.01 & 0.02 \\ -0.02 & -0.01 & 0.03 & 0.01 & 0 \\ -0.01 & 0.01 & 0.01 & 0.04 & 0.01 \\ 0.01 & 0.02 & 0 & 0.01 & 0.04 \end{bmatrix},$$

$$E_2 = \begin{bmatrix} 0 & 0.2 & 0.2 & 0 & 0 \\ 0.2 & 0 & 0 & 0.2 & 0.2 \\ 0 & -0.2 & 0 & 0 & 0.2 \\ 0.2 & 0 & 0.2 & 0 & 0 \\ 0 & 0 & -0.2 & 0.2 & 0 \end{bmatrix}, \quad E_3 = \begin{bmatrix} 0.4 & 0.1 & -0.2 & -0.1 & 0.1 \\ 0.1 & 0.4 & -0.1 & 0.1 & 0.2 \\ -0.2 & -0.1 & 0.3 & 0.1 & 0 \\ -0.1 & 0.1 & 0.1 & 0.4 & 0.1 \\ 0.1 & 0.2 & 0 & 0.1 & 0.4 \end{bmatrix},$$

$$E_4 = \begin{bmatrix} 0.04 & 0.02 & -0.04 & -0.02 & 0.02 \\ 0.02 & 0.03 & -0.02 & 0.02 & 0.04 \\ -0.04 & -0.02 & 0.06 & 0.02 & 0 \\ -0.02 & 0.02 & 0.02 & 0.02 & 0.02 \\ 0.02 & 0.04 & 0 & 0.02 & 0.02 \end{bmatrix},$$

$$H_1 = E_1, \ H_2 = E_2, \ H_3 = E_3, \ H_4 = E_4,$$

$$g(x) = x^2/(1+x^2), \quad \tau(t) = 1.2\sin^2(t) + 0.9, \quad \sigma(t) = 1.1\sin^2(t) + 0.7.$$

由定理 5.2，我们可以发现例 5.4 描述的系统是鲁棒渐近稳定的，并且得到了线性矩阵不等式（5.44），式（5.12）~式（5.18）的可行解，部分可行解如下：

$$P_1 = \begin{bmatrix} 2.663\,0 & -0.044\,3 & -0.040\,1 & 0.012\,4 & -0.543\,9 \\ -0.044\,3 & 2.669\,3 & -0.330\,1 & -0.366\,5 & -0.369\,3 \\ -0.040\,1 & -0.330\,1 & 2.539\,5 & -0.014\,7 & -0.313\,4 \\ 0.012\,4 & -0.366\,5 & -0.014\,7 & 3.042\,5 & -0.050\,1 \\ -0.543\,9 & -0.369\,3 & -0.313\,4 & -0.050\,1 & 2.646\,3 \end{bmatrix},$$

$$P_2 = \begin{bmatrix} 2.350\,2 & 0.029\,9 & 0.001\,1 & 0.074\,3 & 0.050\,1 \\ 0.029\,9 & 2.972\,4 & 0.044\,9 & 0.158\,6 & 0.198\,8 \\ 0.001\,1 & 0.044\,9 & 2.635\,6 & 0.122\,8 & 0.033\,8 \\ 0.074\,3 & 0.158\,6 & 0.122\,8 & 2.816\,8 & 0.033\,8 \\ 0.050\,1 & 0.198\,8 & 0.033\,8 & 0.0338 & 2.9136 \end{bmatrix}.$$

此外，如果设 $\tau(t) = 0.8\sin^2(t) + 0.5$, $\sigma(t) = 0.9\sin^2(t) + 0.6$，也可以验证系统仍然是鲁棒渐近稳定的。

注 5.5　通过以上 4 个例子，可以看到我们的结果既可应用于快时变时滞的情况也可用于慢时变时滞的情况。

5.6　本章小结

本章给出了一些新的带区间时变时滞的不确定基因调控网络的稳定性判断准则。利用 Lyapunov-Krasovskii 方法和 LMI 技术，结合不等式技巧，研究了与时滞区间相关和时滞导数相关或无关的稳定性问题。由于在所设计的 Lyapunov-Krasovskii 泛函中充分考虑了时滞的上下界信息，并且在估计泛函的上界时没有忽略有用的项，本章的结果改进了现有一些文献的结果，使得结果的适用范围更宽。几个数值仿真实例验证了理论结果的有效性和较少保守性。正如文献[152]所提到的，所有的理论成果不仅可以用来分析和了解生物体的基因调控机制，也适用于在合成生物学框架内设计及合成基因电路模型。

6 随机噪声对时滞基因调控网络稳定性的影响

本章研究了带随机噪声干扰和区间时滞的基因调控网络的稳定性，得到了几个判断基因调控网络在均方意义下渐近稳定和鲁棒稳定的充分条件，这些条件刻画了随机噪声和时滞对基因调控网络稳定性的影响。

6.1 问题描述和预备知识

基因调控网络中的随机特性引起了人们的广泛关注，大量实验表明这种随机特性起着非常关键的作用，即使是很小的噪声，在基因表达调控过程中也可能被放大，对基因的表达系统产生十分重要的影响，它不仅可以影响基因调控网络的整体特性，还可以通过生物体组织产生特有的功能[167-168]。这种随机性可以分为内在随机性：如 DNA、RNA 和蛋白质的低数目等，很多参与基因表达的分子数目很少会导致不同时刻发生的同一反应或者同一时刻发生在不同的细胞内同样的反应可能有完全不同的结果，这为基因表达引入了内噪声。外在随机性：如外部环境（温度、压力和各种物质的浓度分布具有很大的不均匀性）的变化等[169]。在第 5 章的基础上，本章的工作就是研究随机噪声和时滞对基因调控网络稳定性的影响。

在文献[152]中，具有噪声干扰的基因调控网络的模型如下：

$$\begin{cases} \dot{m}(t) = -Am(t) + Wg(p(t-\delta(t))) + \sigma(p(t))n(t), \\ \dot{p}(t) = -Cp(t) + Dm(t-\tau(t)), \end{cases} \quad (6.1)$$

其中，$n(t) = [n_1(t), n_2(t), \cdots, n_l(t)]^{\mathrm{T}}$，$n_i(t)$ 为常量零均值高斯白噪声，且对于 $i \neq j$，$n_i(t)$ 独立于 $n_j(t)$。$\sigma(p(t)) \in R^{n \times l}$ 称为噪声强度矩阵。由于 Wiener 过程的时间导数是一个白噪声过程，我们有 $\mathrm{d}\omega(t) = n(t)\mathrm{d}t$，其中 $\omega(t)$ 是一个 l 维的 Wiener

过程。因此，系统（6.1）可以写为如下的随机微分方程形式[152]：

$$\begin{cases} dm(t) = [-Am(t) + Wg(p(t-\delta(t)))]dt + \sigma(p(t))d\omega(t), \\ dp(t) = [-Cp(t) + Dm(t-\tau(t))]dt. \end{cases} \quad (6.2)$$

基于本文第 5 章 5.2 所讨论的模型（5.4），本章考虑了下列带区间变时滞的不确定随机基因调控网络：

$$\begin{cases} dm(t) = \big[-(A+\Delta A)m(t) + (W+\Delta W)g(p(t-\delta(t)))\big]dt \\ \qquad\qquad + \sigma(m(t), m(t-\tau(t)), p(t), p(t-\delta(t)))d\omega(t), \\ dp(t) = \big[-(C+\Delta C)p(t) + (D+\Delta D)m(t-\tau(t))\big]dt. \end{cases} \quad (6.3)$$

其中，A, W, C 和 D 与系统（6.2）中定义的相同。噪声强度矩阵 $\sigma(m(t), m(t-\tau(t)), p(t), p(t-\delta(t)))$ 以及 $\omega(t)$ 的定义参照系统（6.1）。

g_i 是单调递增的饱和函数，对所有的 $x, y \in R$ 且 $x \neq y$ 满足，

$$0 \leqslant \frac{g_i(x) - g_i(y)}{x - y} \leqslant k_i. \quad (6.4)$$

假设条件 A. 参数不确定矩阵 $\Delta A, \Delta W, \Delta C$ 及 ΔD 为以下形式：

$$\Delta A = H_1 F_1(t) E_1, \quad \Delta W = H_2 F_2(t) E_2, \quad \Delta C = H_3 F_3(t) E_3, \quad \Delta D = H_4 F_4(t) E_4, \quad (6.5)$$

其中，$H_1, H_2, H_3, H_4, E_1, E_2, E_3$ 和 E_4 为已知的具有合适维数常量矩阵。不确定矩阵 $F_i(t), i = 1, 2, 3, 4$ 满足

$$F_i^{\mathrm{T}}(t) F_i(t) \leqslant I \quad \text{for} \quad \forall t \in R. \quad (6.6)$$

假设条件 B. 时变时滞函数 $\tau(t)$ 和 $\sigma(t)$ 是满足以下两个条件的时变连续函数：

$$0 \leqslant \tau_1 \leqslant \tau(t) \leqslant \tau_2, \quad 0 \leqslant \sigma_1 \leqslant \sigma(t) \leqslant \sigma_2, \quad (6.7)$$

$$\dot{\tau}(t) \leqslant \mu, \quad \dot{\sigma}(t) \leqslant d, \quad (6.8)$$

其中，$0 \leqslant \tau_1 < \tau_2, 0 \leqslant \sigma_1 < \sigma_2, \mu$ 和 d 为正常量。

假设条件 C. 类似文献[152-153，170-171]，当 $G_1, G_2, G_3, G_4 \geqslant 0$ 时，假设噪声强度矩阵 $\sigma(m(t), m(t-\tau(t)), p(t), p(t-\delta(t)))$ 可估计为

$$trace[\sigma^{\mathrm{T}}(m(t), m(t-\tau(t)), p(t), p(t-\delta(t)))\sigma(m(t), m(t-\tau(t)), p(t), p(t-\delta(t)))]$$
$$\leqslant m^{\mathrm{T}}(t) G_1 m(t) + m^{\mathrm{T}}(t-\tau(t)) G_2 m(t-\tau(t)) + p^{\mathrm{T}}(t) G_3 p(t) + p^{\mathrm{T}}(t-\delta(t)) G_4 p(t-\delta(t)).$$

6.2 随机基因调控网络渐近稳定性

在这一节中，首先研究下面不含参数不确定的基因调控网络，定义：

$$y_1(t) = -Am(t) + Wg(p(t - \delta(t))),$$
$$y_2(t) = \sigma(m(t), m(t - \tau(t)), p(t), p(t - \delta(t))).$$

那么，系统（6.3）可写为：

$$\begin{cases} \mathrm{d}m(t) = y_1(t)\mathrm{d}t + y_2(t)\mathrm{d}\omega(t), \\ \mathrm{d}p(t) = Cp(t) + Dm(t - \tau(t))\mathrm{d}t. \end{cases} \tag{6.9}$$

通过分析随机噪声对整个系统稳定性的影响，得到了随机基因调控网络网络模型在均方意义下渐近稳定的一些判定准则。对于这种情况，下面的定理成立：

定理 6.1 对于给定的常量 $0 \le \tau_1 < \tau_2$，$0 \le \delta_1 < \delta_2$，$\mu$ 和 d，系统（6.3）在均方意义下是全局随机渐近稳定的，如果存在矩阵 $P_1 > 0$，$P_2 > 0$，$Q_r = Q_r^{\mathrm{T}} \ge 0$，$r = 1, 2, 3$，$R_i = R_i^{\mathrm{T}} \ge 0$，$i = 1, 2, \cdots, 4$，$Z_j = Z_j^{\mathrm{T}} > 0$，$j = 1, 2, \cdots, 6$，$T_j = \mathrm{diag}\{t_{1j}, t_{2j}, \cdots, t_{nj}\} \ge 0$，$j = 1, 2$，$N_i, M_i, S_i, L_i, V_i, J_i, i = 1, 2$，以及 3 个正常量 ρ_1, ρ_2, ρ_3，满足下列 LMI（6.10）~（6.11）成立：

$$\Xi = \begin{bmatrix} \Xi_{11} & \Xi_{12} & \Xi_{13} & \Xi_{14} \\ \star & -\Xi_{22} & 0 & 0 \\ \star & \star & -\Xi_{33} & 0 \\ \star & \star & \star & -\Xi_{44} \end{bmatrix} < 0, \tag{6.10}$$

$$P_1 \le \rho_1 I, \quad Z_5 \le \rho_2 I, \quad Z_6 \le \rho_3 I, \tag{6.11}$$

其中

$$\Xi_{11} = \begin{bmatrix} \varUpsilon_1 & \varUpsilon_2^{\mathrm{T}} U_1 & \varUpsilon_3^{\mathrm{T}} U_2 \\ \star & -U_1 & 0 \\ \star & \star & -U_2 \end{bmatrix},$$

$$\Xi_{12} = \begin{bmatrix} \tau_2 N_1^{\mathrm{T}} & \tau_2 N_2^{\mathrm{T}} & 0 & 0 & 0 & 0 & 0 & 0 & 0 & 0 & 0 & 0 & 0 \\ \tau_{12} M_1^{\mathrm{T}} & \tau_{12} M_2^{\mathrm{T}} & 0 & 0 & 0 & 0 & 0 & 0 & 0 & 0 & 0 & 0 & 0 \\ \tau_{12} S_1^{\mathrm{T}} & \tau_{12} S_2^{\mathrm{T}} & 0 & 0 & 0 & 0 & 0 & 0 & 0 & 0 & 0 & 0 & 0 \end{bmatrix}^{\mathrm{T}},$$

$$\Xi_{13} = \begin{bmatrix} \delta_2 L_1^{\mathrm{T}} & \delta_2 L_2^{\mathrm{T}} & 0 & 0 & 0 & 0 & 0 & 0 & 0 & 0 & 0 & 0 \\ \delta_{12} V_1^{\mathrm{T}} & \delta_{12} V_2^{\mathrm{T}} & 0 & 0 & 0 & 0 & 0 & 0 & 0 & 0 & 0 & 0 \\ \delta_{12} J_1^{\mathrm{T}} & \delta_{12} J_2^{\mathrm{T}} & 0 & 0 & 0 & 0 & 0 & 0 & 0 & 0 & 0 & 0 \end{bmatrix}^{\mathrm{T}},$$

$$\Xi_{14} = \begin{bmatrix} N_1^{\mathrm{T}} & N_2^{\mathrm{T}} & 0 & 0 & 0 & 0 & 0 & 0 & 0 & 0 & 0 & 0 \\ M_1^{\mathrm{T}} & M_2^{\mathrm{T}} & 0 & 0 & 0 & 0 & 0 & 0 & 0 & 0 & 0 & 0 \\ S_1^{\mathrm{T}} & S_2^{\mathrm{T}} & 0 & 0 & 0 & 0 & 0 & 0 & 0 & 0 & 0 & 0 \end{bmatrix}^{\mathrm{T}},$$

$$\Xi_{22} = \mathrm{diag}\{\tau_2 Z_1, \tau_{12} Z_2, \tau_{12}(Z_1 + Z_2)\}, \quad \Xi_{33} = \mathrm{diag}\{\delta_2 Z_3, \delta_{12} Z_4, \delta_{12}(Z_3 + Z_4)\},$$

$$\Xi_{44} = \mathrm{diag}\{Z_5, Z_6, Z_5 + Z_6\},$$

$$\Upsilon_1 = \begin{bmatrix} \Upsilon_{11} & 0 & \Upsilon_{13} & 0 & 0 & P_1 W & M_1 & -S_1 & 0 & 0 \\ \star & \Upsilon_{22} & P_2 D & \Upsilon_{24} & KT_1 & 0 & 0 & 0 & V_1 & -J_1 \\ \star & \star & \Upsilon_{33} & 0 & 0 & 0 & M_2 & -S_2 & 0 & 0 \\ \star & \star & \star & \Upsilon_{44} & 0 & KT_2 & 0 & 0 & V_2 & -J_2 \\ \star & \star & \star & \star & \Upsilon_{55} & 0 & 0 & 0 & 0 & 0 \\ \star & \star & \star & \star & \star & \Upsilon_{66} & 0 & 0 & 0 & 0 \\ \star & \star & \star & \star & \star & \star & -Q_1 & 0 & 0 & 0 \\ \star & \star & \star & \star & \star & \star & \star & -Q_2 & 0 & 0 \\ \star & \star & \star & \star & \star & \star & \star & \star & -R_1 & 0 \\ \star & \star & \star & \star & \star & \star & \star & \star & \star & -R_2 \end{bmatrix},$$

$$\Upsilon_{11} = -P_1 A - A^{\mathrm{T}} P_1 + Q_1 + Q_2 + Q_3 + N_1 + N_1^{\mathrm{T}} + (\rho_1 + \tau_2 \rho_2 + \tau_{12} \rho_3) G_1,$$

$$\Upsilon_{13} = S_1 - N_1 - M_1 + N_2^{\mathrm{T}},$$

$$\Upsilon_{11} = -P_1 A - A^{\mathrm{T}} P_1 + Q_1 + Q_2 + Q_3 + N_1 + N_1^{\mathrm{T}} + (\rho_1 + \tau_2 \rho_2 + \tau_{12} \rho_3) G_1,$$

$$\Upsilon_{13} = S_1 - N_1 - M_1 + N_2^{\mathrm{T}},$$

$$\Upsilon_{22} = -P_2 C - C^{\mathrm{T}} P_2 + R_1 + R_2 + R_3 + L_1 + L_1^{\mathrm{T}} + (\rho_1 + \tau_2 \rho_2 + \tau_{12} \rho_3) G_3,$$

$$\Upsilon_{24} = J_1 - L_1 - V_1 + L_2^{\mathrm{T}},$$

$$\Upsilon_{33} = -(1-\mu) Q_3 + S_2 + S_2^{\mathrm{T}} - N_2 - N_2^{\mathrm{T}} - M_2 - M_2^{\mathrm{T}} + (\rho_1 + \tau_2 \rho_2 + \tau_{12} \rho_3) G_2,$$

$$\Upsilon_{44} = -(1-d) R_3 + J_2 + J_2^{\mathrm{T}} - L_2 - L_2^{\mathrm{T}} - V_2 - V_2^{\mathrm{T}} + (\rho_1 + \tau_2 \rho_2 + \tau_{12} \rho_3) G_4,$$

$$\Upsilon_{55} = R_4 - 2T_1, \quad \Upsilon_{66} = -(1-d) R_4 - 2T_2,$$

$$\Upsilon_2 = [-A \quad 0 \quad 0 \quad 0 \quad 0 \quad W \quad 0 \quad 0 \quad 0 \quad 0],$$

$$\Upsilon_3 = [0 \quad -C \quad D \quad 0 \quad 0 \quad 0 \quad 0 \quad 0 \quad 0 \quad 0],$$

$$U_1 = \tau_2 Z_1 + \tau_{12} Z_2, \quad U_2 = \delta_2 Z_3 + \delta_{12} Z_4, \quad \tau_{12} = \tau_2 - \tau_1, \quad \delta_{12} = \delta_2 - \delta_1,$$

且 $K = \mathrm{diag}\{k_1, k_2, \cdots, k_n\}$.

证明： 考虑下列 Lyapunov 泛函：

$$V(m(t), p(t)) = V_1(m(t), p(t)) + V_2(m(t), p(t)) + V_3(m(t), p(t)) + V_4(m(t), p(t)),$$

（6.12）

其中

$$V_1(m(t), p(t)) = m^\mathrm{T}(t)P_1 m(t) + p^\mathrm{T}(t)P_2 p(t),$$

（6.13）

$$V_2(m(t), p(t)) = \int_{t-\tau_1}^t m^\mathrm{T}(s)Q_1 m(s)\mathrm{d}s + \int_{t-\tau_2}^t m^\mathrm{T}(s)Q_2 m(s)\mathrm{d}s +$$
$$\int_{t-\delta_1}^t p^\mathrm{T}(s)R_1 p(s)\mathrm{d}s + \int_{t-\delta_2}^t p^\mathrm{T}(s)R_2 p(s)\mathrm{d}s,$$

（6.14）

$$V_3(m(t), p(t)) = \int_{t-\tau(t)}^t m^\mathrm{T}(s)Q_3 m(s)\mathrm{d}s +$$
$$\int_{t-\delta(t)}^t \left[p^\mathrm{T}(s)R_3 p(s) + g^\mathrm{T}(p(s))R_4 g(p(s)) \right]\mathrm{d}s,$$

（6.15）

$$V_4(m(t), p(t)) = \int_{-\tau_2}^0 \int_{t+\theta}^t y_1^\mathrm{T}(s)Z_1 y_1(s)\mathrm{d}s\mathrm{d}\theta + \int_{-\tau_2}^{-\tau_1} \int_{t+\theta}^t y_1^\mathrm{T}(s)Z_2 y_1(s)\mathrm{d}s\mathrm{d}\theta +$$
$$\int_{-\delta_2}^0 \int_{t+\theta}^t \dot{p}^\mathrm{T}(s)Z_3 \dot{p}(s)\mathrm{d}s\mathrm{d}\theta + \int_{-\delta_2}^{-\delta_1} \int_{t+\theta}^t \dot{p}^\mathrm{T}(s)Z_4 \dot{p}(s)\mathrm{d}s\mathrm{d}\theta +$$
$$\int_{-\tau_2}^0 \int_{t+\theta}^t trace[y_2^\mathrm{T}(s)Z_5 y_2(s)]\mathrm{d}s\mathrm{d}\theta +$$
$$\int_{-\tau_2}^{-\tau_1} \int_{t+\theta}^t trace[y_2^\mathrm{T}(s)Z_6 y_2(s)]\mathrm{d}s\mathrm{d}\theta$$

（6.16）

由 Leibniz-Newton 公式，对任意适当维数矩阵 $S_i, N_i, M_i, J_i, L_i, V_i, i = 1, 2,$ 下列等式成立：

$$0 = 2[m^\mathrm{T}(t)S_1 + m^\mathrm{T}(t-\tau(t))S_2] \times$$
$$\left[m(t-\tau(t)) - m(t-\tau_2) - \int_{t-\tau_2}^{t-\tau(t)} y_1(s)\mathrm{d}s - \int_{t-\tau_2}^{t-\tau(t)} y_2(s)\mathrm{d}\omega(s) \right],$$

（6.17）

$$0 = 2[m^\mathrm{T}(t)N_1 + m^\mathrm{T}(t-\tau(t))N_2] \times$$
$$\left[m(t) - m(t-\tau(t)) - \int_{t-\tau(t)}^t y_1(s)\mathrm{d}s - \int_{t-\tau(t)}^t y_2(s)\mathrm{d}\omega(s) \right],$$

（6.18）

$$0 = 2[m^T(t)M_1 + m^T(t-\tau(t))M_2] \times$$
$$\left[m(t-\tau_1) - m(t-\tau(t)) - \int_{t-\tau(t)}^{t-\tau_1} y_1(s)\mathrm{d}s - \int_{t-\tau(t)}^{t-\tau_1} y_2(s)\mathrm{d}\omega(s) \right],$$

（6.19）

$$0 = 2[p^{\mathrm{T}}(t)J_1 + p^{\mathrm{T}}(t-\delta(t))J_2]\left[p(t-\delta(t)) - p(t-\delta_2) - \int_{t-\delta_2}^{t-\delta(t)} \dot{p}(s)\mathrm{d}s\right], \quad (6.20)$$

$$0 = 2[p^{\mathrm{T}}(t)L_1 + p^{\mathrm{T}}(t-\delta(t))L_2]\left[p(t) - p(t-\delta(t)) - \int_{t-\delta(t)}^{t} \dot{p}(s)\mathrm{d}s\right], \quad (6.21)$$

$$0 = 2[p^{\mathrm{T}}(t)V_1 + p^{\mathrm{T}}(t-\delta(t))V_2]\left[p(t-\delta_1) - p(t-\delta(t)) - \int_{t-\delta(t)}^{t-\delta_1} \dot{p}(s)\mathrm{d}s\right]. \quad (6.22)$$

显然，由方程（6.4），下列不等式成立：

$$g_i(p_i(t))[g_i(p_i(t)) - k_i p_i(t)] \leqslant 0, i = 1, 2, \cdots, n,$$
$$g_i(p_i(t-\delta(t)))[g_i(p_i(t-\delta(t))) - k_i p_i(t-\delta(t))] \leqslant 0, i = 1, 2, \cdots, n.$$

因此，对于任意 $T_j = \mathrm{diag}\{t_{1j}, t_{2j}, \cdots, t_{nj}\} \geqslant 0, j = 1, 2$，可以得到

$$0 \leqslant -2\sum_{i=1}^{n} t_{i1} g_i(p_i(t))[g_i(p_i(t)) - k_i p_i(t)] -$$
$$2\sum_{i=1}^{n} t_{i2} g_i(p_i(t-\delta(t)))[g_i(p_i(t-\delta(t))) - k_i p_i(t-\delta(t))] \quad (6.23)$$
$$= -2g^{\mathrm{T}}(p(t))T_1 g(p(t)) + 2p^{\mathrm{T}}(t)KT_1 g(p(t)) -$$
$$2g^{\mathrm{T}}(p(t-\delta(t)))T_2 g(p(t-\delta(t))) + 2p^{\mathrm{T}}(t-\delta(t))KT_2 g(p(t-\delta(t))).$$

由引理 2.2（ii），对于任意矩阵 $Z_i \geqslant 0, i = 1, 2, \cdots, 6$，下列不等式成立：

$$-2\xi^{\mathrm{T}}(t)N\int_{t-\tau(t)}^{t} y_1(s)\mathrm{d}s \leqslant \tau_2 \xi^{\mathrm{T}}(t)NZ_1^{-1}N^{\mathrm{T}}\xi(t) + \int_{t-\tau(t)}^{t} y_1^{\mathrm{T}}(s)Z_1 y_1(s)\mathrm{d}s, \quad (6.24)$$

$$-2\xi^{\mathrm{T}}(t)M\int_{t-\tau(t)}^{t-\tau_1} y_1(s)\mathrm{d}s \leqslant \tau_{12} \xi^{\mathrm{T}}(t)MZ_2^{-1}M^{\mathrm{T}}\xi(t) + \int_{t-\tau(t)}^{t-\tau_1} y_1^{\mathrm{T}}(s)Z_2 y_1(s)\mathrm{d}s, \quad (6.25)$$

$$-2\xi^{\mathrm{T}}(t)S\int_{t-\tau_2}^{t-\tau(t)} y_1(s)\mathrm{d}s \leqslant \tau_{12} \xi^{\mathrm{T}}(t)S(Z_1 + Z_2)^{-1}S^{\mathrm{T}}\xi(t) +$$
$$\int_{t-\tau_2}^{t-\tau(t)} y_1^{\mathrm{T}}(s)(Z_1 + Z_2)y_1(s)\mathrm{d}s, \quad (6.26)$$

$$-2\xi^{\mathrm{T}}(t)L\int_{t-\delta(t)}^{t} \dot{p}(s)\mathrm{d}s \leqslant \delta_2 \xi^{\mathrm{T}}(t)LZ_3^{-1}L^{\mathrm{T}}\xi(t) + \int_{t-\delta(t)}^{t} \dot{p}^{\mathrm{T}}(s)Z_3 \dot{p}(s)\mathrm{d}s, \quad (6.27)$$

$$-2\xi^{\mathrm{T}}(t)V\int_{t-\delta(t)}^{t-\delta_1} \dot{p}(s)\mathrm{d}s \leqslant \delta_{12} \xi^{\mathrm{T}}(t)VZ_4^{-1}V^{\mathrm{T}}\xi(t) + \int_{t-\delta(t)}^{t-\delta_1} \dot{p}^{\mathrm{T}}(s)Z_4 \dot{p}(s)\mathrm{d}s, \quad (6.28)$$

$$-2\xi^{\mathrm{T}}(t)J\int_{t-\delta_2}^{t-\delta(t)} \dot{p}(s)\mathrm{d}s \leqslant \delta_{12} \xi^{\mathrm{T}}(t)J(Z_3 + Z_4)^{-1}J^{\mathrm{T}}\xi(t) +$$
$$\int_{t-\delta_2}^{t-\delta(t)} \dot{p}^{\mathrm{T}}(s)(Z_3 + Z_4)\dot{p}(s)\mathrm{d}s, \quad (6.29)$$

$$-2\xi^{\mathrm{T}}(t)N\int_{t-\tau(t)}^{t} y_2(s)\mathrm{d}\omega(s) \leqslant \xi^{\mathrm{T}}(t)NZ_5^{-1}N^{\mathrm{T}}\xi(t) +$$
$$\left(\int_{t-\tau(t)}^{t} y_2(s)\mathrm{d}\omega(s)\right)^{\mathrm{T}} Z_5\left(\int_{t-\tau(t)}^{t} y_2(s)\mathrm{d}\omega(s)\right), \quad (6.30)$$

$$-2\xi^{\mathrm{T}}(t)M\int_{t-\tau(t)}^{t-\tau_1} y_2(s)\mathrm{d}\omega(s)\mathrm{d}s \leqslant \xi^{\mathrm{T}}(t)MZ_6^{-1}M^{\mathrm{T}}\xi(t) +$$
$$\left(\int_{t-\tau(t)}^{t-\tau_1} y_2(s)\mathrm{d}\omega(s)\right)^{\mathrm{T}} Z_6\left(\int_{t-\tau(t)}^{t-\tau_1} y_2(s)\mathrm{d}\omega(s)\right),$$
$$(6.31)$$

$$-2\xi^{\mathrm{T}}(t)S\int_{t-\tau_2}^{t-\tau(t)} y_2(s)\mathrm{d}\omega(s) \leqslant \xi^{\mathrm{T}}(t)S(Z_5 + Z_6)^{-1} S^{\mathrm{T}}\xi(t) +$$
$$\left(\int_{t-\tau_2}^{t-\tau(t)} y_2(s)\mathrm{d}\omega(s)\right)^{\mathrm{T}} (Z_5 + Z_6)\left(\int_{t-\tau_2}^{t-\tau(t)} y_2(s)\mathrm{d}\omega(s)\right), \quad (6.32)$$

其中

$$N = [N_1^{\mathrm{T}} \quad N_2^{\mathrm{T}} \quad 0 \ 0 \ 0 \ 0 \ 0 \ 0 \ 0 \ 0]^{\mathrm{T}},$$
$$M = [M_1^{\mathrm{T}} \quad M_2^{\mathrm{T}} \quad 0 \ 0 \ 0 \ 0 \ 0 \ 0 \ 0 \ 0]^{\mathrm{T}},$$
$$S = [S_1^{\mathrm{T}} \quad S_2^{\mathrm{T}} \quad 0 \ 0 \ 0 \ 0 \ 0 \ 0 \ 0 \ 0]^{\mathrm{T}},$$
$$L = [L_1^{\mathrm{T}} \quad L_2^{\mathrm{T}} \quad 0 \ 0 \ 0 \ 0 \ 0 \ 0 \ 0 \ 0]^{\mathrm{T}},$$
$$V = [V_1^{\mathrm{T}} \quad V_2^{\mathrm{T}} \quad 0 \ 0 \ 0 \ 0 \ 0 \ 0 \ 0 \ 0]^{\mathrm{T}},$$
$$J = [J_1^{\mathrm{T}} \quad J_2^{\mathrm{T}} \quad 0 \ 0 \ 0 \ 0 \ 0 \ 0 \ 0 \ 0]^{\mathrm{T}}.$$

由伊藤公式[172]，可以得到下列随机微分方程：

$$\mathrm{d}V(m(t), p(t)) = \mathcal{L}V(m(t), p(t))\mathrm{d}t + 2m^{\mathrm{T}}(t)P_1 y_2(t)\mathrm{d}\omega(t), \quad (6.33)$$

其中 $\mathcal{L}$ 为扩散算子，且

$$\mathcal{L}V(m(t), p(t)) = \mathcal{L}V_1(m(t), p(t)) + \mathcal{L}V_2(m(t), p(t)) +$$
$$\mathcal{L}V_3(m(t), p(t)) + \mathcal{L}V_4(m(t), p(t)), \quad (6.34)$$

$$\mathcal{L}V_1(m(t), p(t)) = 2m^{\mathrm{T}}(t)P_1[-Am(t) + Wg(p(t - \delta(t)))] +$$
$$2p^{\mathrm{T}}(t)P_2[-Cp(t) + Dm(t - \tau(t))] + trace[y_2^{\mathrm{T}}(t)P_1 y_2(t)],$$
$$(6.35)$$

$$
\begin{aligned}
\mathcal{L}V_2(m(t), p(t)) = {} & m^{\mathrm{T}}(t)(Q_1 + Q_2)m(t) - m^{\mathrm{T}}(t - \tau_1)Q_1 m(t - \tau_1) - \\
& m^{\mathrm{T}}(t - \tau_2)Q_2 m(t - \tau_2) + p^{\mathrm{T}}(t)(R_1 + R_2)p(t) - \\
& p^{\mathrm{T}}(t - \delta_1)R_1 p(t - \delta_1) - p^{\mathrm{T}}(t - \delta_2)R_2 p(t - \delta_2),
\end{aligned}
\tag{6.36}
$$

$$
\begin{aligned}
\mathcal{L}V_3(m(t), p(t)) \leqslant {} & m^{\mathrm{T}}(t)Q_3 m(t) - (1-\mu)m^{\mathrm{T}}(t - \tau(t))Q_3 m(t - \tau(t)) + \\
& p^{\mathrm{T}}(t)R_3 p(t) - (1-d)p^{\mathrm{T}}(t - \delta(t))R_3 p(t - \delta(t)) + \\
& g^{\mathrm{T}}(p(t))R_4 g(p(t)) - \\
& (1-d)g^{\mathrm{T}}(p(t - \delta(t)))R_4 g(p(t - \delta(t))),
\end{aligned}
\tag{6.37}
$$

$$
\begin{aligned}
\mathcal{L}V_4(m(t), p(t)) = {} & y_1^{\mathrm{T}}(t)(\tau_2 Z_1 + (\tau_2 - \tau_1)Z_2)y_1(t) - \int_{t-\tau_2}^{t} y_1^{\mathrm{T}}(s)Z_1 y_1(s)\mathrm{d}s - \\
& \int_{t-\tau_2}^{t-\tau_1} y_1^{\mathrm{T}}(s)Z_2 y_1(s)\mathrm{d}s + \dot{p}^{\mathrm{T}}(t)(\delta_2 Z_3 + (\delta_2 - \delta_1)Z_4)\dot{p}(t) - \\
& \int_{t-\delta_2}^{t} \dot{p}^{\mathrm{T}}(s)Z_3 \dot{p}(s)\mathrm{d}s - \int_{t-\delta_2}^{t-\delta_1} \dot{p}^{\mathrm{T}}(s)Z_4 \dot{p}(s)\mathrm{d}s + \\
& \tau_2 trace[y_2^{\mathrm{T}}(t)Z_5 y_2(t)] + (\tau_2 - \tau_1)trace[y_2^{\mathrm{T}}(t)Z_6 y_2(t)] - \\
& \int_{t-\tau_2}^{t} trace[y_2^{\mathrm{T}}(s)Z_5 y_2(s)]\mathrm{d}s - \int_{t-\tau_2}^{t-\tau_1} trace[y_2^{\mathrm{T}}(s)Z_6 y_2(s)]\mathrm{d}s, \\
= {} & y_1^{\mathrm{T}}(t)(\tau_2 Z_1 + \tau_{12}Z_2)y_1(t) + \dot{p}^{\mathrm{T}}(t)(\delta_2 Z_3 + \delta_{12}Z_4)\dot{p}(t) + \\
& \tau_2 trace[y_2^{\mathrm{T}}(t)Z_5 y_2(t)] + \tau_{12} trace[y_2^{\mathrm{T}}(t)Z_6 y_2(t)] - \\
& \int_{t-\tau_2}^{t-\tau(t)} y_1^{\mathrm{T}}(s)(Z_1 + Z_2)y_1(s)\mathrm{d}s - \int_{t-\tau(t)}^{t} y_1^{\mathrm{T}}(s)Z_1 y_1(s)\mathrm{d}s - \\
& \int_{t-\tau(t)}^{t-\tau_1} y_1^{\mathrm{T}}(s)Z_2 y_1(s)\mathrm{d}s - \int_{t-\delta_2}^{t-\delta(t)} \dot{p}^{\mathrm{T}}(s)(Z_3 + Z_4)\dot{p}(s)\mathrm{d}s - \\
& \int_{t-\delta(t)}^{t} \dot{p}^{\mathrm{T}}(s)Z_3 \dot{p}(s)\mathrm{d}s - \int_{t-\delta(t)}^{t-\delta_1} \dot{p}^{\mathrm{T}}(s)Z_4 \dot{p}(s)\mathrm{d}s - \\
& \int_{t-\tau_2}^{t-\tau(t)} trace[y_2^{\mathrm{T}}(s)(Z_5 + Z_6)y_2(s)]\mathrm{d}s - \\
& \int_{t-\tau(t)}^{t} trace\left[y_2^{\mathrm{T}}(s)Z_5 y_2(s)\right]\mathrm{d}s - \int_{t-\tau(t)}^{t-\tau_1} trace[y_2^{\mathrm{T}}(s)Z_6 y_2(s)]\mathrm{d}s,
\end{aligned}
\tag{6.38}
$$

合并式（6.17）～式（6.38）并且利用假设条件 C，可以得出

$$
\begin{aligned}
\mathcal{L}V(m(t), p(t)) \leqslant {} & \xi^{\mathrm{T}}(t)[\varUpsilon_1 + \varUpsilon_2^{\mathrm{T}}(\tau_2 Z_1 + \tau_{12}Z_2)\varUpsilon_2 + \varUpsilon_3^{\mathrm{T}}(\delta_2 Z_3 + \delta_{12}Z_4)\varUpsilon_3 + \\
& \tau_2 N Z_1^{-1} N^{\mathrm{T}} + \tau_{12} M Z_2^{-1} M^{\mathrm{T}} + \tau_{12} S(Z_1 + Z_2)^{-1} S^{\mathrm{T}} + \\
& \delta_2 L Z_3^{-1} L^{\mathrm{T}} + \delta_{12} V Z_4^{-1} V^{\mathrm{T}} + \delta_{12} J(Z_3 + Z_4)^{-1} J^{\mathrm{T}} + \\
& N Z_5^{-1} N^{\mathrm{T}} + M Z_6^{-1} M^{\mathrm{T}} + S(Z_5 + Z_6)^{-1} S^{\mathrm{T}}]\xi(t)
\end{aligned}
$$

$$(\int_{t-\tau_2}^{t-\tau(t)} y_2(s)\mathrm{d}\omega(s))^{\mathrm{T}}(Z_5+Z_6)(\int_{t-\tau_2}^{t-\tau(t)} y_2(s)\mathrm{d}\omega(s)) +$$

$$(\int_{t-\tau(t)}^{t} y_2(s)\mathrm{d}\omega(s))^{\mathrm{T}} Z_5(\int_{t-\tau(t)}^{t} y_2(s)\mathrm{d}\omega(s)) +$$

$$(\int_{t-\tau(t)}^{t-\tau_1} y_2(s)\mathrm{d}\omega(s))^{\mathrm{T}} Z_6(\int_{t-\tau(t)}^{t-\tau_1} y_2(s)\mathrm{d}\omega(s)) +$$

$$\int_{t-\tau_2}^{t-\tau(t)} trace[y_2^{\mathrm{T}}(s)(Z_5+Z_6)y_2(s)]\mathrm{d}s -$$

$$\int_{t-\tau(t)}^{t} trace[y_2^{\mathrm{T}}(s)Z_5 y_2(s)]\mathrm{d}s - \int_{t-\tau(t)}^{t-\tau_1} trace[y_2^{\mathrm{T}}(s)Z_6 y_2(s)]\mathrm{d}s -$$

$$= \xi^{\mathrm{T}}(t)\Xi\xi(t) + (\int_{t-\tau(t)}^{t} y_2(s)\mathrm{d}\omega(s))^{\mathrm{T}} Z_5(\int_{t-\tau(t)}^{t} y_2(s)\mathrm{d}\omega(s)) +$$

$$(\int_{t-\tau_2}^{t-\tau(t)} y_2(s)\mathrm{d}\omega(s))^{\mathrm{T}}(Z_5+Z_6)(\int_{t-\tau_2}^{t-\tau(t)} y_2(s)\mathrm{d}\omega(s)) +$$

$$(\int_{t-\tau(t)}^{t-\tau_1} y_2(s)\mathrm{d}\omega(s))^{\mathrm{T}} Z_6(\int_{t-\tau(t)}^{t-\tau_1} y_2(s)\mathrm{d}\omega(s)) -$$

$$\int_{t-\tau_2}^{t-\tau(t)} trace[y_2^{\mathrm{T}}(s)(Z_5+Z_6)y_2(s)]\mathrm{d}s -$$

$$\int_{t-\tau(t)}^{t} trace[y_2^{\mathrm{T}}(s)Z_5 y_2(s)]\mathrm{d}s - \int_{t-\tau(t)}^{t-\tau_1} trace[y_2^{\mathrm{T}}(s)Z_6 y_2(s)]\mathrm{d}s,$$

其中

$$\xi(t) = [m^{\mathrm{T}}(t)\ \ p^{\mathrm{T}}(t)\ \ m^{\mathrm{T}}(t-\tau(t))\ \ p^{\mathrm{T}}(t-\delta(t))\ \ g^{\mathrm{T}}(p(t))\ \ g^{\mathrm{T}}(p(t-\delta(t)))$$
$$m^{\mathrm{T}}(t-\tau_1)\ \ m^{\mathrm{T}}(t-\tau_2)\ \ p^{\mathrm{T}}(t-\delta_1)\ \ p^{\mathrm{T}}(t-\delta_2)]^{\mathrm{T}}.$$

由于[181]

$$\mathrm{E}\{(\int_{t-\tau_2}^{t-\tau(t)} y_2(s)\mathrm{d}\omega(s))^{\mathrm{T}}(Z_5+Z_6)(\int_{t-\tau_2}^{t-\tau(t)} y_2(s)\mathrm{d}\omega(s))\}$$

$$= \mathrm{E}\{\int_{t-\tau_2}^{t-\tau(t)} trace[y_2^{\mathrm{T}}(s)(Z_5+Z_6)y_2(s)]\mathrm{d}s\},$$

$$\mathrm{E}\{(\int_{t-\tau(t)}^{t} y_2(s)\mathrm{d}\omega(s))^{\mathrm{T}} Z_5(\int_{t-\tau(t)}^{t} y_2(s)\mathrm{d}\omega(s))\} = \mathrm{E}\{\int_{t-\tau(t)}^{t} trace[y_2^{\mathrm{T}}(s)Z_5 y_2(s)]\mathrm{d}s\},$$

$$\mathrm{E}\{(\int_{t-\tau(t)}^{t-\tau_1} y_2(s)\mathrm{d}\omega(s))^{\mathrm{T}} Z_6(\int_{t-\tau(t)}^{t-\tau_1} y_2(s)\mathrm{d}\omega(s))\} = \mathrm{E}\{\int_{t-\tau(t)}^{t-\tau_1} trace[y_2^{\mathrm{T}}(s)Z_6 y_2(s)]\mathrm{d}s\}.$$

因此，如果 $\Xi < 0$，对所有的 $m(t), p(t)$，除了 $m(t) = p(t) = 0$，下式成立

$$\mathrm{E}[\mathrm{d}V(m(t), p(t))] = \mathrm{E}[\mathcal{L}V(m(t), p(t))\mathrm{d}t] < 0,$$

其中，E 为数学期望运算符。

由引理 2.1，很容易得出式（6.11）等价于 $\Xi < 0$。根据 Lyapunov-Krasovskii 稳定性定理，我们可以得出具有随机噪声的区间变时滞系统（6.3）在均方意义下是全局渐近稳定的。证毕。

注 6.1 自由权值矩阵的引入可以提供更高的自由度。从某种意义上讲，越多的自由权值矩阵变量，自由度越高，而稳定性判断准则的保守性越低。但是自由权值矩阵也会带来运算复杂度高的问题。实际上，当变量 $m(t)$ 和 $p(t)$ 的维数比较高时，线性矩阵不等式 LMIs（6.10）~（6.11）的计算量非常大。考虑到这种情况，我们提出了一个半替代自由权值矩阵（Semi-substitution free-weighting matrices）方法来解决这个问题。

由 Leibniz-Newton 公式，对任意合适维数矩阵 $S_2, N_1, M_2, J_2, L_1, V_2$，下列等式成立：

$$0 = 2[m^T(t)Z_1 + m^T(t-\tau(t))S_2] \times$$
$$\left[m(t-\tau(t)) - m(t-\tau_2) - \int_{t-\tau_2}^{t-\tau(t)} y_1(s)\mathrm{d}s - \int_{t-\tau_2}^{t-\tau(t)} y_2(s)\mathrm{d}\omega(s) \right],$$

$$0 = 2[m^T(t)N_1 + m^T(t-\tau(t))Z_2] \times$$
$$\left[m(t) - m(t-\tau(t)) - \int_{t-\tau(t)}^{t} y_1(s)\mathrm{d}s - \int_{t-\tau(t)}^{t} y_2(s)\mathrm{d}\omega(s) \right],$$

$$0 = 2[m^T(t)Z_3 + m^T(t-\tau(t))M_2] \times$$
$$\left[m(t-\tau_1) - m(t-\tau(t)) - \int_{t-\tau(t)}^{t-\tau_1} y_1(s)\mathrm{d}s - \int_{t-\tau(t)}^{t-\tau_1} y_2(s)\mathrm{d}\omega(s) \right],$$

$$0 = 2[p^T(t)Z_4 + p^T(t-\delta(t))J_2]\left[p(t-\delta(t)) - p(t-\delta_2) - \int_{t-\delta_2}^{t-\delta(t)} \dot{p}(s)\mathrm{d}s \right],$$

$$0 = 2[p^T(t)L_1 + p^T(t-\delta(t))Z_5]\left[p(t) - p(t-\delta(t)) - \int_{t-\delta(t)}^{t} \dot{p}(s)\mathrm{d}s \right],$$

$$0 = 2[p^T(t)Z_6 + p^T(t-\delta(t))V_2]\left[p(t-\delta_1) - p(t-\delta(t)) - \int_{t-\delta(t)}^{t-\delta_1} \dot{p}(s)\mathrm{d}s \right],$$

其中，$Z_j, j = 1, 2, \cdots, 6$ 已在 Lyapunov 泛函中定义。因此，我们可以得到

$$S = [Z_1^T \quad S_2^T \quad 0 \quad 0 \quad 0 \quad 0 \quad 0 \quad 0 \quad 0 \quad 0]^T,$$

$$N = [N_1^T \quad Z_2^T \quad 0 \quad 0 \quad 0 \quad 0 \quad 0 \quad 0 \quad 0 \quad 0]^T,$$

$$M = [Z_3^{\mathrm{T}} \quad M_2^{\mathrm{T}} \quad 0 \quad 0 \quad 0 \quad 0 \quad 0 \quad 0 \quad 0]^{\mathrm{T}},$$

$$J = [Z_4^{\mathrm{T}} \quad J_2^{\mathrm{T}} \quad 0 \quad 0 \quad 0 \quad 0 \quad 0 \quad 0 \quad 0]^{\mathrm{T}}$$

$$L = [L_1^{\mathrm{T}} \quad Z_5^{\mathrm{T}} \quad 0 \quad 0 \quad 0 \quad 0 \quad 0 \quad 0 \quad 0]^{\mathrm{T}},$$

$$V = [Z_6^{\mathrm{T}} \quad V_2^{\mathrm{T}} \quad 0 \quad 0 \quad 0 \quad 0 \quad 0 \quad 0 \quad 0]^{\mathrm{T}}.$$

以上新的矩阵 S, N, M, J, L, V 被称为半替代自由权值矩阵。

根据与定理 6.1 类似的证明过程，我们得到以下推论 6.1。推论 6.1 与定理 6.1 相比，其自由权值矩阵的数目减少了一半，且要相对保守。尽管如此，我们可以采用半替代自由权值矩阵的方法平衡计算量和保守性。即采用 Lyapunov 泛函中定义的一些矩阵变量，如 $Q_r, r = 1,2,3$, $R_i, i = 1,2,\cdots,4$ 替代自由权值矩阵 $N_i, S_i, M_i, J_i, V_i, L_i, i = 1,2$ 中的某些变量。无论如何选择替代矩阵，都应该尽量保持较大的自由度。

推论 6.1 对于给定的常量 $0 \le \tau_1 < \tau_2, 0 \le \delta_1 < \delta_2, \mu$ 和 d ，系统（6.3）在均方意义下是全局随机渐近稳定的，如果存在矩阵 $P_1 > 0$, $P_2 > 0, Q_r = Q_r^{\mathrm{T}} \ge 0, r = 1,2,3$, $R_i = R_i^{\mathrm{T}} \ge 0$, $i = 1,2,\cdots,4, Z_j = Z_j^{\mathrm{T}} > 0$, $j = 1,2,\cdots,6$, $T_j = \mathrm{diag}\{t_{1j}, t_{2j}, \cdots, t_{nj}\} \ge 0$, $j = 1,2, N_1, M_2, S_2, L_1, V_2, J_2$, 以及 3 个正常量 ρ_1, ρ_2, ρ_3, 满足下列 LMI（6.39）及式（6.11）成立：

$$\Xi^* = \begin{bmatrix} \Xi_{11}^* & \Xi_{12}^* & \Xi_{13}^* & \Xi_{14}^* \\ \star & -\Xi_{22} & 0 & 0 \\ \star & \star & -\Xi_{33} & 0 \\ \star & \star & \star & -\Xi_{44} \end{bmatrix} < 0, \tag{6.39}$$

其中

$$\Xi_{11}^* = \begin{bmatrix} \Upsilon_1^* & \Upsilon_2^{\mathrm{T}} U_1 & \Upsilon_3^{\mathrm{T}} U_2 \\ \star & -U_1 & 0 \\ \star & \star & -U_2 \end{bmatrix},$$

$$\Xi_{12}^* = \begin{bmatrix} \tau_2 N_1^{\mathrm{T}} & \tau_2 Z_2^{\mathrm{T}} & 0 & 0 & 0 & 0 & 0 & 0 & 0 & 0 & 0 & 0 \\ \tau_{12} Z_3^{\mathrm{T}} & \tau_{12} M_2^{\mathrm{T}} & 0 & 0 & 0 & 0 & 0 & 0 & 0 & 0 & 0 & 0 \\ \tau_{12} Z_1^{\mathrm{T}} & \tau_{12} S_2^{\mathrm{T}} & 0 & 0 & 0 & 0 & 0 & 0 & 0 & 0 & 0 & 0 \end{bmatrix}^{\mathrm{T}},$$

$$\Xi_{13}^* = \begin{bmatrix} \delta_2 L_1^T & \delta_2 Z_5^T & 0 & 0 & 0 & 0 & 0 & 0 & 0 & 0 & 0 & 0 \\ \delta_{12} Z_6^T & \delta_{12} V_2^T & 0 & 0 & 0 & 0 & 0 & 0 & 0 & 0 & 0 & 0 \\ \delta_{12} Z_4^T & \delta_{12} J_2^T & 0 & 0 & 0 & 0 & 0 & 0 & 0 & 0 & 0 & 0 \end{bmatrix}^T,$$

$$\Xi_{14}^* = \begin{bmatrix} N_1^T & Z_2^T & 0 & 0 & 0 & 0 & 0 & 0 & 0 & 0 & 0 & 0 \\ Z_3^T & M_2^T & 0 & 0 & 0 & 0 & 0 & 0 & 0 & 0 & 0 & 0 \\ Z_1^T & S_2^T & 0 & 0 & 0 & 0 & 0 & 0 & 0 & 0 & 0 & 0 \end{bmatrix}^T,$$

$$\Upsilon_1^* = \begin{bmatrix} \Upsilon_{11} & 0 & \Upsilon_{13}^* & 0 & 0 & P_1 W & Z_3 & -Z_1 & 0 & 0 \\ \star & \Upsilon_{22} & P_2 D & \Upsilon_{24}^* & K T_1 & 0 & 0 & 0 & Z_6 & -Z_4 \\ \star & \star & \Upsilon_{33}^* & 0 & 0 & 0 & M_2 & -S_2 & 0 & 0 \\ \star & \star & \star & \Upsilon_{44}^* & 0 & K T_2 & 0 & 0 & V_2 & -J_2 \\ \star & \star & \star & \star & \Upsilon_{55} & 0 & 0 & 0 & 0 & 0 \\ \star & \star & \star & \star & \star & \Upsilon_{66} & 0 & 0 & 0 & 0 \\ \star & \star & \star & \star & \star & \star & -Q_1 & 0 & 0 & 0 \\ \star & \star & \star & \star & \star & \star & \star & -Q_2 & 0 & 0 \\ \star & \star & \star & \star & \star & \star & \star & \star & -R_1 & 0 \\ \star & \star & \star & \star & \star & \star & \star & \star & \star & -R_2 \end{bmatrix},$$

$$\Upsilon_{13}^* = Z_1 - N_1 - Z_3 + Z_2^T, \quad \Upsilon_{24}^* = Z_4 - L_1 - Z_6 + Z_5^T,$$

$$\Upsilon_{33}^* = -(1-\mu)Q_3 + S_2 + S_2^T - Z_2 - Z_2^T - M_2 - M_2^T + (\rho_1 + \tau_2 \rho_2 + \tau_{12} \rho_3) G_2,$$

$$\Upsilon_{44}^* = -(1-d)R_3 + J_2 + J_2^T - Z_5 - Z_5^T - V_2 - V_2^T + (\rho_1 + \tau_2 \rho_2 + \tau_{12} \rho_3) G_4,$$

其他符号定义参见定理 6.1。

情形 1. 定理 4.1 适用于已知 μ 和 d 的情况。然而，在很多情况下，时滞函数的导数是未知的。事实上，当 $\mu \geqslant 1$，$d \geqslant 1$ 时，Q_3，R_3 和 R_4 对提高稳定性的条件没有帮助。注意到，通过令 $Q_3 = R_3 = R_4 = 0$，根据定理 6.1 相似的证明方法，我们可以得到如下一个与时滞导数无关的稳定性判断准则。

推论 6.2 对于给定的常量 $0 \leqslant \tau_1 < \tau_2$，$0 \leqslant \delta_1 < \delta_2$，系统（6.3）在均方意义下是全局随机渐近稳定的，如果存在矩阵 $P_1 > 0$，$P_2 > 0$，$Q_r = Q_r^T \geqslant 0$，$r = 1, 2$，$R_i = R_i^T \geqslant 0$，$i = 1, 2$，$Z_j = Z_j^T > 0$，$j = 1, 2, \cdots, 6$，$T_j = \mathrm{diag}\{t_{1j}, t_{2j}, \cdots, t_{nj}\} \geqslant 0$，$j = 1, 2$，$N_i, M_i, S_i, L_i, V_i, J_i, i = 1, 2$，以及 3 个正常量 ρ_1, ρ_2, ρ_3，满足下列 LMI（6.40）及式（6.11）成立：

$$\begin{bmatrix} \tilde{\Xi}_{11} & \Xi_{12} & \Xi_{13} & \Xi_{14} \\ \star & -\Xi_{22} & 0 & 0 \\ \star & \star & -\Xi_{33} & 0 \\ \star & \star & \star & -\Xi_{44} \end{bmatrix} < 0, \tag{6.40}$$

其中

$$\tilde{\Xi}_{11} = \begin{bmatrix} \tilde{\Upsilon}_1 & \Upsilon_2^{\mathrm{T}} U_1 & \Upsilon_3^{\mathrm{T}} U_2 \\ \star & -U_1 & 0 \\ \star & \star & -U_2 \end{bmatrix},$$

$$\tilde{\Upsilon}_1 = \begin{bmatrix} \tilde{\Upsilon}_{11} & 0 & \Upsilon_{13} & 0 & 0 & P_1 W & M_1 & -S_1 & 0 & 0 \\ \star & \tilde{\Upsilon}_{22} & P_2 D & \Upsilon_{24} & K T_1 & 0 & 0 & 0 & V_1 & -J_1 \\ \star & \star & \tilde{\Upsilon}_{33} & 0 & 0 & 0 & M_2 & -S_2 & 0 & 0 \\ \star & \star & \star & \tilde{\Upsilon}_{44} & 0 & K T_2 & 0 & 0 & V_2 & -J_2 \\ \star & \star & \star & \star & -2T_1 & 0 & 0 & 0 & 0 & 0 \\ \star & \star & \star & \star & \star & -2T_2 & 0 & 0 & 0 & 0 \\ \star & \star & \star & \star & \star & \star & -Q_1 & 0 & 0 & 0 \\ \star & \star & \star & \star & \star & \star & \star & -Q_2 & 0 & 0 \\ \star & \star & \star & \star & \star & \star & \star & \star & -R_1 & 0 \\ \star & \star & \star & \star & \star & \star & \star & \star & \star & -R_2 \end{bmatrix},$$

$$\tilde{\Upsilon}_{11} = -P_1 A - A^{\mathrm{T}} P_1 + Q_1 + Q_2 + N_1 + N_1^{\mathrm{T}} + (\rho_1 + \tau_2 \rho_2 + \tau_{12} \rho_3) G_1,$$

$$\tilde{\Upsilon}_{22} = -P_2 C - C^{\mathrm{T}} P_2 + R_1 + R_2 + L_1 + L_1^{\mathrm{T}} + (\rho_1 + \tau_2 \rho_2 + \tau_{12} \rho_3) G_3,$$

$$\tilde{\Upsilon}_{33} = S_2 + S_2^{\mathrm{T}} - N_2 - N_2^{\mathrm{T}} - M_2 - M_2^{\mathrm{T}} + (\rho_1 + \tau_2 \rho_2 + \tau_{12} \rho_3) G_2,$$

$$\tilde{\Upsilon}_{44} = J_2 + J_2^{\mathrm{T}} - L_2 - L_2^{\mathrm{T}} - V_2 - V_2^{\mathrm{T}} + (\rho_1 + \tau_2 \rho_2 + \tau_{12} \rho_3) G_4,$$

其他符号定义参见定理 6.1。

情形 2. 在许多情况下，时滞的范围是从 0 到某个上界。针对这种情况，通过设 $M_i = 0, i = 1, 2,$ $V_j = 0, j = 1, 2,$ $Q_1 = \lambda_1 I,$ $R_1 = \lambda_2 I,$ $Z_2 = \lambda_3 I,$ $Z_4 = \lambda_4 I$ 和 $Z_6 = \lambda_5 I,$ 其中 $\lambda_i > 0, i = 1, 2, \cdots, 5$ 为很小的常量，定理 6.1 得到了下列与时滞相关的稳定性判断准则：

推论 6.3 对于给定的常量 $\tau_1 = 0, \delta_1 = 0, \tau_2 > 0, \delta_2 > 0, \mu$ 和 d，系统（6.3）在均方意义下是全局随机渐近稳定的，如果存在矩阵 $P_1 > 0, P_2 > 0, Q_r = Q_r^{\mathrm{T}} \geqslant 0, r = 2, 3,$

$R_i = R_i^{\mathrm{T}} \geqslant 0, \ i = 2,3,4, Z_j = Z_j^T > 0, \quad j = 1,3,5, \quad T_j = diag\{t_{1j}, t_{2j}, \cdots, t_{nj}\} \geqslant 0, \quad j = 1,2,$
$N_i, S_i, L_i, J_i, i = 1,2,$ 以及两个正常量 ρ_1, ρ_2，满足下列 LMI （6.41）~（6.42）
成立：

$$
\begin{bmatrix}
\bar{\Xi}_{11} & \bar{\Xi}_{12} & \bar{\Xi}_{13} & \bar{\Xi}_{14} \\
\star & -\bar{\Xi}_{22} & 0 & 0 \\
\star & \star & -\bar{\Xi}_{33} & 0 \\
\star & \star & \star & -\bar{\Xi}_{44}
\end{bmatrix} < 0,
\tag{6.41}
$$

$$
P_1 \leqslant \rho_1 I, \quad Z_5 \leqslant \rho_2 I,
\tag{6.42}
$$

其中

$$
\Xi_{11} =
\begin{bmatrix}
\bar{Y}_{11} & 0 & \bar{Y}_{13} & 0 & 0 & P_1W & -S_1 & 0 & -\tau_2 A^{\mathrm{T}} Z_1 & 0 \\
\star & \bar{Y}_{22} & P_2D & \bar{Y}_{24} & KT_1 & 0 & 0 & -J_1 & 0 & -\delta_2 C^{\mathrm{T}} Z_3 \\
\star & \star & \bar{Y}_{33} & 0 & 0 & 0 & -S_2 & 0 & 0 & \delta_2 D^{\mathrm{T}} Z_3 \\
\star & \star & \star & \bar{Y}_{44} & 0 & KT_2 & 0 & -J_2 & 0 & 0 \\
\star & \star & \star & \star & \bar{Y}_{55} & 0 & 0 & 0 & 0 & 0 \\
\star & \star & \star & \star & \star & \bar{Y}_{66} & 0 & 0 & \tau_2 W^{\mathrm{T}} Z_1 & 0 \\
\star & \star & \star & \star & \star & \star & -Q_2 & 0 & 0 & 0 \\
\star & \star & \star & \star & \star & \star & \star & -R_2 & 0 & 0 \\
\star & \star & \star & \star & \star & \star & \star & \star & -\tau_2 Z_1 & 0 \\
\star & \star & \star & \star & \star & \star & \star & \star & \star & -\delta_2 Z_3
\end{bmatrix},
$$

$$
\bar{\Xi}_{12} =
\begin{bmatrix}
\tau_2 N_1^{\mathrm{T}} & \tau_2 N_2^{\mathrm{T}} & 0 & 0 & 0 & 0 & 0 & 0 & 0 & 0 \\
\tau_2 S_1^{\mathrm{T}} & \tau_2 S_2^{\mathrm{T}} & 0 & 0 & 0 & 0 & 0 & 0 & 0 & 0
\end{bmatrix}^{\mathrm{T}},
$$

$$
\bar{\Xi}_{13} =
\begin{bmatrix}
\delta_2 L_1^{\mathrm{T}} & \delta_2 L_2^{\mathrm{T}} & 0 & 0 & 0 & 0 & 0 & 0 & 0 & 0 \\
\delta_2 J_1^{\mathrm{T}} & \delta_2 J_2^{\mathrm{T}} & 0 & 0 & 0 & 0 & 0 & 0 & 0 & 0
\end{bmatrix}^{\mathrm{T}},
$$

$$
\bar{\Xi}_{14} =
\begin{bmatrix}
N_1^{\mathrm{T}} & N_2^{\mathrm{T}} & 0 & 0 & 0 & 0 & 0 & 0 & 0 & 0 \\
S_1^{\mathrm{T}} & S_2^{\mathrm{T}} & 0 & 0 & 0 & 0 & 0 & 0 & 0 & 0
\end{bmatrix}^{\mathrm{T}},
$$

$$
\bar{\Xi}_{22} = \mathrm{diag}\{\tau_2 Z_1, \tau_2 Z_1\}, \quad \bar{\Xi}_{33} = \mathrm{diag}\{\delta_2 Z_3, \delta_2 Z_3\}, \quad \bar{\Xi}_{44} = \mathrm{diag}\{Z_5, Z_5\},
$$

$$
\bar{Y}_{11} = -P_1 A - A^{\mathrm{T}} P_1 + Q_2 + Q_3 + N_1 + N_1^{\mathrm{T}} + (\rho_1 + \tau_2 \rho_2) G_1, \quad \bar{Y}_{13} = S_1 - N_1 + N_2^{\mathrm{T}},
$$

$$
\bar{Y}_{22} = -P_2 C - C^{\mathrm{T}} P_2 + R_2 + R_3 + L_1 + L_1^{\mathrm{T}} + (\rho_1 + \tau_2 \rho_2) G_3, \quad \bar{Y}_{24} = J_1 - L_1 + L_2^{\mathrm{T}},
$$

$$\overline{Y}_{33} = -(1-\mu)Q_3 + S_2 + S_2^{\mathrm{T}} - N_2 - N_2^{\mathrm{T}} + (\rho_1 + \tau_2\rho_2)G_2,$$

$$\overline{Y}_{44} = -(1-d)R_3 + J_2 + J_2^{\mathrm{T}} - L_2 - L_2^{\mathrm{T}} + (\rho_1 + \tau_2\rho_2)G_4,$$

$$\overline{Y}_{55} = R_4 - 2T_1, \quad \overline{Y}_{66} = -(1-d)R_4 - 2T_2,$$

且 $K = \mathrm{diag}\{k_1, k_2, \cdots, k_n\}$。

情形 3. 假设不存在随机干扰和参数不确定性,基因调控网络可以描述为

$$\begin{cases} \dot{m}(t) = -Am(t) + Wg(p(t-\delta(t))), \\ \dot{p}(t) = -Cp(t) + Dm(t-\tau(t)), \end{cases} \quad (6.43)$$

其中,参数的定义与含义与式(6.3)相同。那么,我们得到了如下推论:

推论 6.4 对于给定的常量 $0 \leqslant \tau_1 < \tau_2$, $0 \leqslant \delta_1 < \delta_2$, μ 和 d,系统(6.43)是全局渐近稳定的,如果存在矩阵 $P_1 > 0$, $P_2 > 0$, $Q_r = Q_r^{\mathrm{T}} \geqslant 0$, $r = 1, 2, 3$, $R_i = R_i^{\mathrm{T}} \geqslant 0$, $i = 1, 2, \cdots, 4$, $Z_j = Z_j^{\mathrm{T}} > 0$, $j = 1, 2, \cdots, 4$, $T_j = \mathrm{diag}\{t_{1j}, t_{2j}, \cdots, t_{nj}\} \geqslant 0$, $j = 1, 2$, $N_i, M_i, S_i, L_i, V_i, J_i, i = 1, 2$,满足下列 LMI 成立:

$$\begin{bmatrix} \hat{\Xi}_{11} & \Xi_{12} & \Xi_{13} \\ \star & -\Xi_{22} & 0 \\ \star & \star & -\Xi_{33} \end{bmatrix} < 0, \quad (6.44)$$

其中

$$\hat{\Xi}_{11} = \begin{bmatrix} \hat{Y}_1 & Y_2^{\mathrm{T}}U_1 & Y_3^{\mathrm{T}}U_2 \\ \star & -U_1 & 0 \\ \star & \star & -U_2 \end{bmatrix},$$

$$\hat{Y}_1 = \begin{bmatrix} \hat{Y}_{11} & 0 & Y_{13} & 0 & 0 & P_1W & M_1 & -S_1 & 0 & 0 \\ \star & \hat{Y}_{22} & P_2D & Y_{24} & KT_1 & 0 & 0 & 0 & V_1 & -J_1 \\ \star & \star & \hat{Y}_{33} & 0 & 0 & 0 & M_2 & -S_2 & 0 & 0 \\ \star & \star & \star & \hat{Y}_{44} & 0 & KT_2 & 0 & 0 & V_2 & -J_2 \\ \star & \star & \star & \star & Y_{55} & 0 & 0 & 0 & 0 & 0 \\ \star & \star & \star & \star & \star & Y_{66} & 0 & 0 & 0 & 0 \\ \star & \star & \star & \star & \star & \star & -Q_1 & 0 & 0 & 0 \\ \star & \star & \star & \star & \star & \star & \star & -Q_2 & 0 & 0 \\ \star & \star & \star & \star & \star & \star & \star & \star & -R_1 & 0 \\ \star & \star & \star & \star & \star & \star & \star & \star & \star & -R_2 \end{bmatrix},$$

$$\hat{Y}_{11} = -P_1 A - A^T P_1 + Q_1 + Q_2 + Q_3 + N_1 + N_1^T,$$

$$\hat{Y}_{22} = -P_2 C - C^T P_2 + R_1 + R_2 + R_3 + L_1 + L_1^T,$$

$$\hat{Y}_{33} = -(1-\mu)Q_3 + S_2 + S_2^T - N_2 - N_2^T - M_2 - M_2^T,$$

$$\hat{Y}_{44} = -(1-d)R_3 + J_2 + J_2^T - L_2 - L_2^T - V_2 - V_2^T,$$

其他符号定义参见定理 6.1。

基于推论 6.4，可以很容易得到一个与时滞导数无关的稳定性判断准则。

推论 6.5 对于给定的常量 $0 \leqslant \tau_1 < \tau_2, 0 \leqslant \delta_1 < \delta_2$，系统（6.43）是全局渐近稳定的，如果存在矩阵 $P_1 > 0$, $P_2 > 0, Q_r = Q_r^T \geqslant 0, r = 1,2, R_i = R_i^T \geqslant 0, i = 1,2,$ $Z_j = Z_j^T > 0, j = 1,2,\cdots,4, \ T_j = \text{diag}\{t_{1j}, t_{2j}, \cdots, t_{nj}\} \geqslant 0, \ j = 1,2, \ N_i, M_i, S_i, L_i, V_i, J_i,$ $i = 1,2$，满足下列 LMI 成立：

$$\begin{bmatrix} \breve{\Xi}_{11} & \Xi_{12} & \Xi_{13} \\ \star & -\Xi_{22} & 0 \\ \star & \star & -\Xi_{33} \end{bmatrix} < 0, \tag{6.45}$$

其中

$$\breve{\Xi}_{11} = \begin{bmatrix} \breve{Y}_1 & Y_2^T U_1 & Y_3^T U_2 \\ \star & -U_1 & 0 \\ \star & \star & -U_2 \end{bmatrix},$$

$$\breve{Y}_1 = \begin{bmatrix} \breve{Y}_{11} & 0 & Y_{13} & 0 & 0 & P_1 W & M_1 & -S_1 & 0 & 0 \\ \star & \breve{Y}_{22} & P_2 D & Y_{24} & K T_1 & 0 & 0 & 0 & V_1 & -J_1 \\ \star & \star & \breve{Y}_{33} & 0 & 0 & 0 & M_2 & -S_2 & 0 & 0 \\ \star & \star & \star & \breve{Y}_{44} & 0 & K T_2 & 0 & 0 & V_2 & -J_2 \\ \star & \star & \star & \star & -2T_1 & 0 & 0 & 0 & 0 & 0 \\ \star & \star & \star & \star & \star & -2T_2 & 0 & 0 & 0 & 0 \\ \star & \star & \star & \star & \star & \star & -Q_1 & 0 & 0 & 0 \\ \star & \star & \star & \star & \star & \star & \star & -Q_2 & 0 & 0 \\ \star & \star & \star & \star & \star & \star & \star & \star & -R_1 & 0 \\ \star & \star & \star & \star & \star & \star & \star & \star & \star & -R_2 \end{bmatrix},$$

$$\breve{Y}_{11} = -P_1 A - A^T P_1 + Q_1 + Q_2 + N_1 + N_1^T,$$

$$\breve{Y}_{22} = -P_2 C - C^T P_2 + R_1 + R_2 + L_1 + L_1^T,$$

$$\breve{Y}_{33} = S_2 + S_2^T - N_2 - N_2^T - M_2 - M_2^T,$$
$$\breve{Y}_{44} = J_2 + J_2^T - L_2 - L_2^T - V_2 - V_2^T,$$

其他符号定义参见定理 6.1。

6.3　随机基因调控网络鲁棒稳定性

接下来，我们讨论具有参数不确定性和随机噪声的基因调控网络的稳定性，即系统（6.8）的稳定性。参数不确定矩阵 ΔA ，ΔW, ΔC 和 ΔD 满足假设条件 A，时变时滞函数满足假设条件 B。下面是本章的第二个主要结论。

定理 6.2　对于给定的常量 $0 \leqslant \tau_1 < \tau_2, 0 \leqslant \delta_1 < \delta_2, \mu$ 和 d ，系统（6.8）在均方意义下是全局渐近鲁棒稳定的，如果存在矩阵 $P_1 > 0, P_2 > 0, Q_r = Q_r^T \geqslant 0, r = 1,2,3,$ $R_i = R_i^T \geqslant 0, i = 1,2,\cdots,4, Z_j = Z_j^T > 0, j = 1,2,\cdots,6, T_j = \mathrm{diag}\{t_{1j},t_{2j},\cdots,t_{nj}\} \geqslant 0, j = 1,2,$ $N_i,M_i,S_i,L_i,V_i,J_i,i = 1,2,$ 三个正常量 ρ_1,ρ_2,ρ_3 ，以及四个正常量 $\varepsilon_i, i = 1,2,\cdots,4,$ 满足下列 LMI（6.46）及（6.11）成立：

$$\begin{bmatrix} \Xi_{11}+\Omega & \Xi_{12} & \Xi_{13} & \Xi_{14} & \Omega_1 & \Omega_3 & \Omega_5 & \Omega_7 \\ \star & -\Xi_{22} & 0 & 0 & 0 & 0 & 0 & 0 \\ \star & \star & -\Xi_{33} & 0 & 0 & 0 & 0 & 0 \\ \star & \star & \star & -\Xi_{44} & 0 & 0 & 0 & 0 \\ \star & \star & \star & \star & -\varepsilon_1 I & 0 & 0 & 0 \\ \star & \star & \star & \star & \star & -\varepsilon_2 I & 0 & 0 \\ \star & \star & \star & \star & \star & \star & -\varepsilon_3 I & 0 \\ \star & \star & \star & \star & \star & \star & \star & -\varepsilon_4 I \end{bmatrix} < 0, \quad (6.46)$$

其中

$$\Omega = \mathrm{diag}\{\varepsilon_1 E_1^T E_1, \varepsilon_3 E_3^T E_3, \varepsilon_4 E_4^T E_4, 0, 0, \varepsilon_2 E_2^T E_2, 0, 0, 0, 0, 0\},$$
$$\Omega_1 = [H_1^T P_1^T \ 0 \ 0 \ 0 \ 0 \ 0 \ 0 \ 0 \ 0 \ 0 \ 0 \ H_1^T U_1 \ 0]^T,$$
$$\Omega_3 = [H_2^T P_1^T \ 0 \ 0 \ 0 \ 0 \ 0 \ 0 \ 0 \ 0 \ 0 \ 0 \ H_2^T U_1 \ 0]^T,$$
$$\Omega_5 = [0 \ H_3^T P_2^T \ 0 \ 0 \ 0 \ 0 \ 0 \ 0 \ 0 \ 0 \ 0 \ H_3^T U_2]^T,$$
$$\Omega_7 = [0 \ H_4^T P_2^T \ 0 \ 0 \ 0 \ 0 \ 0 \ 0 \ 0 \ 0 \ 0 \ H_4^T U_2]^T,$$

其他符号定义参见定理 6.1。

证明： 由引理 2.1 和式（6.5），如果下列不等式成立，那么，系统（6.8）

在均方意义下是鲁棒渐近稳定性的：

$$\Xi_{11} + 2\Omega_1 F_1(t)\Omega_2^T + 2\Omega_3 F_2(t)\Omega_4^T + 2\Omega_5 F_3(t)\Omega_6^T + 2\Omega_7 F_4(t)\Omega_8^T +$$
$$\Xi_{12}\Xi_{22}^{-1}\Xi_{12}^T + \Xi_{13}\Xi_{33}^{-1}\Xi_{13}^T + \Xi_{14}\Xi_{44}^{-1}\Xi_{14}^T < 0 \tag{6.47}$$

由引理 2.2（i）和式（6.6），如果下列不等式满足下列条件，不等式（6.47）成立：

$$\begin{aligned} &\Xi_{11} + \varepsilon_1^{-1}\Omega_1\Omega_1^T + \varepsilon_1\Omega_2\Omega_2^T + \varepsilon_2^{-1}\Omega_3\Omega_3^T + \varepsilon_2\Omega_4\Omega_4^T + \varepsilon_3^{-1}\Omega_5\Omega_5^T + \varepsilon_3\Omega_6\Omega_6^T + \\ &\varepsilon_4^{-1}\Omega_7\Omega_7^T + \varepsilon_4\Omega_8\Omega_8^T + \Xi_{12}\Xi_{22}^{-1}\Xi_{12}^T + \Xi_{13}\Xi_{33}^{-1}\Xi_{13}^T + \Xi_{14}\Xi_{44}^{-1}\Xi_{14}^T \\ &= \Xi_{11} + \Omega + \varepsilon_1^{-1}\Omega_1\Omega_1^T + \varepsilon_2^{-1}\Omega_3\Omega_3^T + \varepsilon_3^{-1}\Omega_5\Omega_5^T + \varepsilon_4^{-1}\Omega_7\Omega_7^T + \\ &\Xi_{12}\Xi_{22}^{-1}\Xi_{12}^T + \Xi_{13}\Xi_{33}^{-1}\Xi_{13}^T + \Xi_{14}\Xi_{44}^{-1}\Xi_{14}^T < 0 \end{aligned} \tag{6.48}$$

其中

$$\Omega_2 = [-E_1 \ \ 0 \ \ 0 \ \ 0 \ \ 0 \ \ 0 \ \ 0 \ \ 0 \ \ 0 \ \ 0 \ \ 0 \ \ 0]^T,$$

$$\Omega_4 = [0 \ \ 0 \ \ 0 \ \ 0 \ \ 0 \ \ E_2 \ \ 0 \ \ 0 \ \ 0 \ \ 0 \ \ 0 \ \ 0]^T,$$

$$\Omega_6 = [0 \ \ -E_3 \ \ 0 \ \ 0 \ \ 0 \ \ 0 \ \ 0 \ \ 0 \ \ 0 \ \ 0 \ \ 0 \ \ 0]^T,$$

$$\Omega_8 = [0 \ \ 0 \ \ E_4 \ \ 0 \ \ 0 \ \ 0 \ \ 0 \ \ 0 \ \ 0 \ \ 0 \ \ 0 \ \ 0]^T,$$

$$\varepsilon_1 > 0, \varepsilon_2 > 0, \varepsilon_3 > 0, \varepsilon_4 > 0,$$

且 $\Omega, \Omega_1, \Omega_3, \Omega_5, \Omega_7$ 在定理 6.2 中已经定义。

因此，由 Schur 补，不等式（6.48）等价于线性矩阵不等式（6.46）。由此，如果线性矩阵不等式（6.46）和式（6.11）成立，系统（6.3）在均方意义下是鲁棒渐近稳定的。证毕。

情形 4. 考虑下列参数不确定基因调控网络：

$$\begin{cases} \dot{m}(t) = -(A + \Delta A)m(t) + (W + \Delta W)g(p(t - \delta(t))), \\ \dot{p}(t) = -(C + \Delta C)p(t) + (D + \Delta D)m(t - \tau(t)). \end{cases} \tag{6.49}$$

由定理 6.2 和推论 6.5，可以得到一个与时滞导数无关的推论。

推论 6.6 对于给定的常量 $0 \leqslant \tau_1 < \tau_2, 0 \leqslant \delta_1 < \delta_2$，系统（6.49）在均方意义下是全局鲁棒渐近稳定的，如果存在矩阵 $P_1 > 0, P_2 > 0, Q_r = Q_r^T \geqslant 0, r = 1,2,$

$R_i = R_i^T \geqslant 0, \ i = 1, 2, \ Z_j = Z_j^T > 0, \quad j = 1, 2, \cdots, 4, \quad T_j = \mathrm{diag}\{t_{1j}, t_{2j}, \cdots, t_{nj}\} \geqslant 0, \quad j = 1, 2,$

$N_i, M_i, S_i, L_i, V_i, J_i, i = 1, 2$，以及 4 个正常量 $\varepsilon_i, i = 1, 2, \cdots, 4$，满足下列线性矩阵不等式 LMI 成立：

$$
\begin{bmatrix}
\breve{\Xi}_{11} + \Omega & \Xi_{12} & \Xi_{13} & \Omega_1 & \Omega_3 & \Omega_5 & \Omega_7 \\
\star & -\Xi_{22} & 0 & 0 & 0 & 0 & 0 \\
\star & \star & -\Xi_{33} & 0 & 0 & 0 & 0 \\
\star & \star & \star & -\varepsilon_1 I & 0 & 0 & 0 \\
\star & \star & \star & \star & -\varepsilon_2 I & 0 & 0 \\
\star & \star & \star & \star & \star & -\varepsilon_3 I & 0 \\
\star & \star & \star & \star & \star & \star & -\varepsilon_4 I
\end{bmatrix} < 0, \qquad （6.50）
$$

其中，$\breve{\Xi}_{11}, \Xi_{12}, \Xi_{13}, \Xi_{22}, \Xi_{33}$ 参照推论 6.5，$\Omega, \Omega_1, \Omega_3, \Omega_5, \Omega_7$ 在定理 6.2 中已经定义。

6.4　数值实例

在本小节，我们给出 5 个数值例子，并与最近的文献进行比较，验证本章所得结果的有效性和较少保守性。我们采用 Matlab 中的 DDE23 程序求解时滞微分方程，用 LMI 工具箱求解定理中的线性矩阵不等式。

例 6.1　考虑下列时变时滞随机基因调控网络：

$$
\begin{cases}
dm(t) = [-Am(t) + Wg(p(t - \delta(t)))]dt + \sigma(m(t), m(t - \tau(t)), p(t), p(t - \delta(t)))d\omega(t), \\
dp(t) = [-Cp(t) + Dm(t - \tau(t))]dt,
\end{cases}
$$

$$（6.51）$$

其中

$$A = C = \mathrm{diag}\{0.9, 0.9, 0.9, 0.9, 0.9\}, \ D = \mathrm{diag}\{0.7, \ 0.7, \ 0.7, \ 0.7, \ 0.7\},$$

$$
W = 0.5 \times
\begin{bmatrix}
0 & 1 & 1 & 0 & 0 \\
0 & 0 & 0 & 1 & 1 \\
0 & 1 & 0 & 0 & 0 \\
1 & 0 & 0 & 0 & 0 \\
0 & 0 & 0 & 1 & 0
\end{bmatrix},
$$

$$\sigma(m(t),m(t-\tau(t)),p(t),p(t-\delta(t)))) = 0.05 \times \begin{bmatrix} p_1(t)+p_1(t-\delta(t)) \\ p_2(t)+p_2(t-\delta(t)) \\ p_3(t)+p_3(t-\delta(t)) \\ p_4(t)+p_4(t-\delta(t)) \\ p_5(t)+p_5(t-\delta(t)) \end{bmatrix}.$$

令 $G_1 = G_2 = 0$, $G_3 = G_4 = 0.1I$, $\tau(t) = 0.2 + 0.2\sin(t)$, $\delta(t) = 0.6 + 0.6\sin(t)$。

且 $g(x) = x^2/(1+x^2)$，这意味着 $k_i = 0.65$, $K = \text{diag}\{0.65,0.65,0.65,0.65,0.65\}$。

由推论 6.3，可以很容易地得到线性矩阵不等式 LMI（6.41）和式（6.42）的可行解。这表明该具有随机干扰的基因调控网络在均方意义下是全局渐近稳定的。篇幅所限，只给出一部分可行解。

$$P_1 = \begin{bmatrix} 93.3753 & 0.4551 & -5.8971 & 0.4406 & -0.3294 \\ 0.4551 & 94.9709 & 1.3688 & 1.2341 & -5.4530 \\ -5.8971 & 1.3688 & 100.7570 & -0.1228 & -0.1349 \\ 0.4406 & 1.2341 & -0.1228 & 102.9548 & 1.8457 \\ -0.3294 & -5.4530 & -0.1349 & 1.8457 & 101.0264 \end{bmatrix},$$

$$P_2 = \begin{bmatrix} 114.8116 & 0.4030 & -2.4379 & 0.4922 & -0.0767 \\ 0.4030 & 119.6869 & 4.2969 & 1.0749 & -2.0412 \\ -2.4379 & 4.2969 & 118.8112 & 0.0218 & 0.0016 \\ 0.4922 & 1.0749 & 0.0218 & 123.7855 & 4.7335 \\ -0.0767 & -2.0412 & 0.0016 & 4.7335 & 119.0214 \end{bmatrix}.$$

图 6.1 给出了上面系统的时间响应曲线。应该指出的是，文献[152]中的条件（17）未能取得可行解。

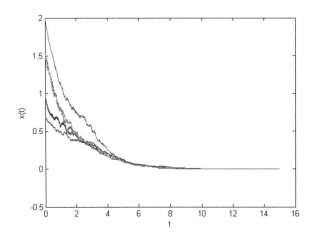

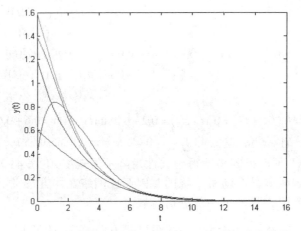

图 6.1　随机基因网络 $m(t)$ 和 $p(t)$ 的时间响应曲线

Fig. 6.1　Trajectories of $m(t)$ and $p(t)$ of the
genetic network with stochastic perturbation.

例 6.2　[155]考虑下面的带区间变时滞的基因调控网络：

$$\begin{cases} \dot{m}(t) = -Am(t) + Wg(p(t-\delta(t))) + u, \\ \dot{p}(t) = -Cp(t) + Dm(t-\tau(t)), \end{cases} \tag{6.52}$$

其中

$$A = \mathrm{diag}\{3,3,3\}, C = \mathrm{diag}\{2.5,2.5,2.5\}, D = \mathrm{diag}\{0.8,0.8,0.8\},$$

$$W = \begin{bmatrix} 0 & 0 & -2.5 \\ -2.5 & 0 & 0 \\ 0 & -2.5 & 0 \end{bmatrix}, \quad u = \begin{bmatrix} 2.5 & 2.5 & 2.5 \end{bmatrix}^{\mathrm{T}},$$

且 $g(x) = x^2/(1+x^2)$。设 $\tau(t) = 0.5\sin^2(t) + 0.5,\ \delta(t) = 0.5\sin^2(t) + 0.6$。

可以验证文献[155]中的定理 1 所提出的稳定性条件并不满足，这表明其不能判断该基因调控网络是否稳定。然而，利用推论 6.5，可以得出系统（6.52）是全局渐近稳定的，其一部分可行解如下：

$$P_1 = \begin{bmatrix} 15.564\,7 & 0.002\,2 & 0.002\,2 \\ 0.002\,2 & 15.564\,7 & 0.002\,2 \\ 0.002\,2 & 0.002\,2 & 15.564\,7 \end{bmatrix}, P_2 = \begin{bmatrix} 26.684\,9 & 0 & 0 \\ 0 & 26.684\,9 & 0 \\ 0 & 0 & 26.684\,9 \end{bmatrix},$$

$$Q_1 = \begin{bmatrix} 18.173\,7 & 0.006\,0 & 0.006\,0 \\ 0.006\,0 & 18.173\,7 & 0.006\,0 \\ 0.006\,0 & 0.006\,0 & 18.173\,7 \end{bmatrix}.$$

该基因调控网络的唯一平衡点为 $m* = \begin{bmatrix} 0.784\,0 & 0.784\,0 & 0.784\,0 \end{bmatrix}^{\mathrm{T}}$，$p* = \begin{bmatrix} 0.250\,9 & 0.250\,9 & 0.250\,9 \end{bmatrix}^{\mathrm{T}}$。图 6.2 给出了系统变量 $m(t)$ 和 $p(t)$ 的时间响应曲线。

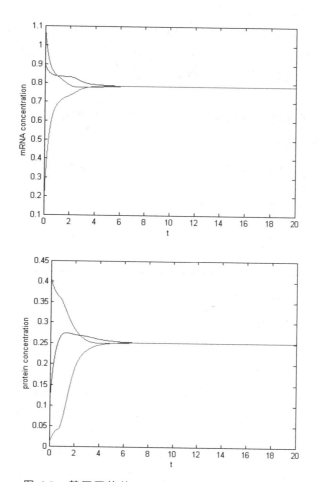

图 6.2　基因网络的 $m(t)$ 和 $p(t)$ 的时间响应曲线

Fig. 6.2　Trajectories of $m(t)$ and $p(t)$ of the genetic network

例 6.3 考虑基因调控网络在随机干扰下的情况：

$$\begin{cases} \mathrm{d}m(t) = [-Am(t) + Wg(p(t - \delta(t)))]\mathrm{d}t + \\ \qquad \sigma(m(t), m(t - \tau(t)), p(t), p(t - \delta(t)))\mathrm{d}\omega(t), \\ \mathrm{d}p(t) = [-Cp(t) + Dx(t - \tau(t))]\mathrm{d}t, \end{cases} \qquad (6.53)$$

其中 A,C,D 的值与例 6.2 相同，$W = \begin{bmatrix} 0 & 0 & 2.5 \\ 2.5 & 0 & 0 \\ 0 & 2.5 & 0 \end{bmatrix}$.

设 $G_1 = G_2 = G_3 = G_4 = 0.4I$，且 $\delta(t) = 0.125 + 1.5\sin(t)$。

当 $\mu = 1.2$，对于不同的 τ_1 值，表 6.1 列出了由定理 6.1 和推论 6.1 计算出的 τ_2 的可允许的上界。从表 6.1 中可以看出：推论 6.1 所得出的结果要比定理 6.1 的保守。然而，需要指出的是：推论 6.1 中自由权值矩阵的数目是定理 6.1 的一半。

此外，文献[152]中的结果不能适用于此例，原因在于本例中时变时滞函数的导数值大于 1。

表 6.1　对于不同的 τ_1 值，τ_2 的可允许的上界

Table 6.1　Allowable upper bound of τ_2 with given τ_1

	$\tau_1 = 0.1$	$\tau_1 = 0.5$	$\tau_1 = 0.8$	$\tau_1 = 1$
Corollary 6.1	1.510 8	1.814 8	2.046 1	2.202 1
Theorem 6.1	1.847 8	2.121 6	2.421 6	2.621 6

例 6.4　在本例中，考虑图 5.1 中描述的不确定基因调控网络：

$$\begin{cases} \dot{m}(t) = -(A + H_1 F_1(t) E_1) m(t) + (W + H_2 F_2(t) E_2) g(p(t - \delta(t))), \\ \dot{p}(t) = -(C + H_3 F_3(t) E_3) p(t) + (D + H_4 F_4(t) E_4) m(t - \tau(t)), \end{cases} \quad (6.54)$$

其中

$A = \text{diag}\{4, 2, 5, 2.5, 3.5\}$，$C = \text{diag}\{1, 1, 1, 1, 1\}$，$D = \text{diag}\{0.7, 0.3, 0.6, 0.4, 0.4\}$，

$$W = 0.8 \times \begin{bmatrix} 0 & 1 & 0 & 0 & 1 \\ 0 & 0 & 1 & 1 & 0 \\ 1 & 0 & 0 & 0 & 0 \\ 0 & 0 & 1 & 0 & 0 \\ 0 & 1 & 0 & 0 & 0 \end{bmatrix}, H_1 = \begin{bmatrix} 0.4 & 0.1 & -0.2 & -0.1 & 0.1 \\ 0.1 & 0.4 & -0.1 & 0.1 & 0.2 \\ -0.2 & -0.1 & 0.3 & 0.1 & 0 \\ -0.1 & 0.1 & 0.1 & 0.4 & 0.1 \\ 0.1 & 0.2 & 0 & 0.1 & 0.4 \end{bmatrix},$$

$$H_2 = \begin{bmatrix} 0 & 0.2 & 0.2 & 0 & 0 \\ 0.2 & 0 & 0 & 0.2 & 0.2 \\ 0 & -0.2 & 0 & 0 & 0.2 \\ 0.2 & 0 & 0.2 & 0 & 0 \\ 0 & 0 & -0.2 & 0.2 & 0 \end{bmatrix}, H_3 = \begin{bmatrix} 0.08 & 0.02 & -0.04 & -0.02 & 0.02 \\ 0.02 & 0.04 & -0.02 & 0.02 & 0.04 \\ -0.04 & -0.02 & 0.06 & 0.02 & 0 \\ -0.02 & 0.02 & 0.02 & 0.08 & 0.02 \\ 0.02 & 0.04 & 0 & 0.02 & 0.04 \end{bmatrix},$$

$H_4 = H_2$，$E_1 = 0.01I$，$E_2 = 0.1I$，$E_3 = 0.05I$，$E_4 = 0.2I$，

$$F_1(t) = \text{diag}\{\sin(t), \cos(2t), \cos(t), \cos(t^2), -\sin(t)\}, \quad F_2(t) = F_4(t) = I,$$

$$F_3(t) = \text{diag}\{-0.1\sin(t), -0.1\cos(2t), -0.1\cos(t), -0.1\cos(t)/2, 0.1\sin(t)\},$$

$$g(x) = x^2/(1+x^2), \quad \tau(t) = 0.8\sin^2(t) + 0.8, \quad \delta(t) = 0.9\sin^2 x + 0.5.$$

需要注意的是，文献[155]中定理 2 的稳定性条件没有可行解。然而，由本章推论 6.6，求解 LMI（6.50），我们得到了一个可行解。篇幅所限，我们只列出了可行解的一部分。图 6.3 给出了不确定基因调控网络的时间响应曲线。

$$P_1 = \begin{bmatrix} 10.995\,5 & -0.275\,2 & -0.011\,2 & -0.464\,4 & -0.371\,8 \\ -0.275\,2 & 12.578\,4 & 0.063\,3 & -1.913\,6 & -0.323\,8 \\ -0.011\,2 & 0.063\,3 & 9.057\,5 & -0.012\,9 & 0.022\,4 \\ -0.464\,4 & -1.913\,6 & -0.012\,9 & 12.693\,5 & -0.207\,0 \\ -0.371\,8 & -0.323\,8 & 0.022\,4 & -0.207\,0 & 11.450\,7 \end{bmatrix},$$

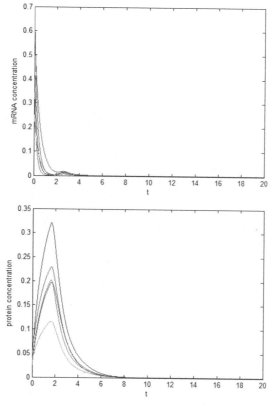

图 6.3　不确定基因调控网络的时间响应曲线

Fig. 6.3　Transient response of genetic networks with parameter uncertainties

$$P_2 = - \begin{bmatrix} 16.470\,5 & -0.038\,4 & 0.721\,5 & -0.506\,6 & 0.483\,2 \\ -0.038\,4 & 21.027\,6 & -0.487\,1 & -0.324\,4 & -0.352\,6 \\ 0.721\,5 & -0.487\,1 & 18.231\,3 & 0.200\,8 & 0.193\,5 \\ -0.506\,6 & -0.324\,4 & 0.200\,8 & 20.663\,3 & 0.423\,9 \\ 0.483\,2 & -0.352\,6 & 0.193\,5 & 0.423\,9 & 20.597\,6 \end{bmatrix}.$$

例 6.5 再考虑图 5.1 中不确定基因调控网络具有随机扰动的情况：

$$\begin{cases} dm(t) = [-(A+H_1F_1(t)E_1)m(t) + (W+H_2F_2(t)E_2)g(p(t-\delta(t)))]dt + \\ \quad \sigma(m(t), m(t-\tau(t)), p(t), p(t-\delta(t)))d\omega(t), \\ dp(t) = [-(C+H_3F_3(t)E_3)p(t) + (D+H_4F_4(t)E_4)m(t-\tau(t))]dt. \end{cases} \tag{6.55}$$

$$D = diag\{0.8, 0.8, 0.8, 0.8, 0.8\},$$

$$G_1 = 0.4I, \quad G_2 = 0.3I, \quad G_3 = 0.5I, \quad G_4 = 0.1I,$$

$$\sigma(m(t), m(t-\tau(t)), p(t), p(t-\delta(t)))$$

$$= \begin{bmatrix} 0.1m_1(t) + 0.1m_1(t-\tau(t)) + 0.1p_1(t) + 0.05p_1(t-\delta(t)) \\ 0.1m_2(t) + 0.1m_2(t-\tau(t)) + 0.1p_2(t) + 0.05p_2(t-\delta(t)) \\ 0.1m_3(t) + 0.1m_3(t-\tau(t)) + 0.1p_3(t) + 0.05p_3(t-\delta(t)) \\ 0.1m_4(t) + 0.1m_4(t-\tau(t)) + 0.1p_4(t) + 0.05p_4(t-\delta(t)) \\ 0.1m_5(t) + 0.1m_5(t-\tau(t)) + 0.1p_5(t) + 0.05p_5(t-\delta(t)) \end{bmatrix},$$

$$\tau(t) = 0.5\sin^2(t) + 0.6 \text{ 和 } \delta(t) = 0.4\sin^2 x + 0.7.$$

运用 Matlab LMI 控制工具箱，由定理 6.2，我们可以发现系统（6.55）在均方意义下是全局鲁棒渐近稳定的。仿真结果的时间响应曲线如图 6.4 所示。线性矩阵不等式（6.46）和式（5.17）的一部分可行解如下：

$$P_1 = \begin{bmatrix} 4.855\,0 & 0.007\,4 & 0.027\,2 & 0.010\,9 & -0.066\,2 \\ 0.007\,4 & 5.623\,2 & 0.053\,8 & 0.060\,8 & 0.034\,2 \\ 0.027\,2 & 0.053\,8 & 4.718\,1 & 0.161\,2 & 0.028\,8 \\ 0.010\,9 & 0.060\,8 & 0.161\,2 & 5.458\,9 & -0.014\,0 \\ -0.066\,2 & 0.034\,2 & 0.028\,8 & -0.014\,0 & 5.081\,0 \end{bmatrix},$$

$$P_2 = \begin{bmatrix} 7.466\,5 & -0.081\,4 & 0.264\,1 & -0.014\,2 & -0.025\,3 \\ -0.081\,4 & 6.490\,4 & 0.033\,2 & -0.291\,3 & -0.144\,0 \\ 0.264\,1 & 0.033\,2 & 9.906\,6 & 1.578\,4 & 0.041\,8 \\ -0.014\,2 & -0.291\,3 & 1.578\,4 & 8.411\,2 & 0.105\,0 \\ -0.025\,3 & -0.144\,0 & 0.041\,8 & 0.105\,0 & 7.457\,4 \end{bmatrix}$$

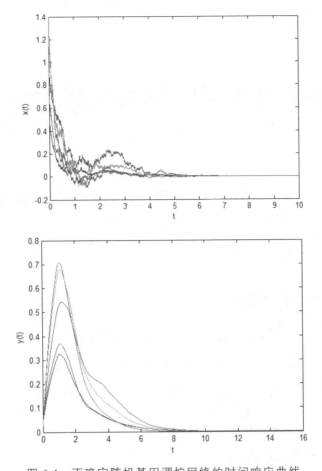

图 6.4 不确定随机基因调控网络的时间响应曲线
Fig.6.4 Trajectories of uncertain genetic networks with stochastic perturbation.

6.5 本章小结

本章对带随机噪声和区间时滞的基因调控网络的稳定性问题的处理不同于大部分已发表的文献，克服了时变时滞必须小于 1 的限制。根据随机分析方法和引入自由权值矩阵，给出了一些新的均方意义下的稳定性判断准则。通过对带随机噪声的基因调控网络的研究，可以使我们在一定程度上了解噪声作用的机制，也能对人工设计基因芯片提供一定的参考。通过分析，可以看到任何一个基因发生变化或任何一个状态发生变化，都会引起整个动态网络变化。因此，在生物基因网络分析中，可以通过比较正常基因网络动态变化与变异基因网络动态变化，在基因调控网络中找到引起疾病的原因。

7 具有两个时变时滞的随机静态递归神经网络稳定性研究

本章研究了带有两个时变时滞的随机静态递归神经网络时滞相关稳定性。通过构造一个新的李雅普诺夫泛函，应用微分不等式及线性矩阵不等式方法，得到了一个时滞相关的稳定性准则，并且给出了一个数值示例来说明所得到结果的有效性。

7.1 题描述和预备知识

考虑以下含有两个时变时滞的静态递归神经网络：

$$\dot{u}(t) = -Au(t) + g(Wu(t - d_1(t) - d_2(t)) + I), \qquad (7.1)$$

其中，$u(t) = [u_1(t), u_2(t), \cdots, u_t(t)]^T$ 是神经元状态向量，$g(u(t)) = [g_1(u_1(t)), g_2(u_2(t)), \cdots, g_n(u_n(t))]^T$ 是神经元的激活函数，$g(0) = 0$，$I = [I_1, I_2, \cdots, I_n]^T$ 是外部输入向量，$A = \mathrm{diag}[a_1, a_2, \cdots, a_n] > 0$ 表示连接权常数矩阵，$W = (w_{ij})_{n \times n}$ 表示神经元 i 和 j 之间的突触连接权值，n 为神经元的个数。

时变时滞函数满足以下条件（H）：

$$\begin{aligned}
&d(t) = d_1(t) + d_2(t), \\
&0 \leqslant d_1(t) \leqslant h_1, \quad 0 \leqslant d_2(t) \leqslant h_2, \qquad (7.2) \\
&\dot{d}_1(t) \leqslant \mu_1, \quad \dot{d}_2(t) \leqslant \mu_2,
\end{aligned}$$

且 $h = h_1 + h_2$，$\mu = \mu_1 + \mu_2$，h_1, h_2 和 μ_1, μ_2 是正常量。

在本章，激活函数 $g(\cdot)$ 是有界的，且满足

$$(H) \quad k_i^- \leqslant \frac{g_i(x) - g_i(y)}{x - y} \leqslant k_i^+, \qquad (7.3)$$

$$\forall x, y \in R^n, x \neq y, \quad i = 1, 2, \cdots, n$$

k_i^-, k_i^+ 是常量，根据文献[182]的定义，这样的激活函数是全局 Lipschitz 连续的。

假设 u^* 是系统（7.1）的平衡点。通常，我们利用变换 $x(\cdot)=u(\cdot)-u^*$ 将这个平衡点转移到原点，这时系统（7.1）可改写为

$$\dot{x}(t)=-Ax(t)+f(Wx(t-d_1(t)-d_2(t))),\qquad(7.4)$$

其中，$x(t)=[x_1(t),x_2(t),\cdots,x_t(t)]^\mathrm{T}$ 是转换后的状态向量，$f(x(t))=f_1(x_1(t))$, $f_2(x_2(t)),\cdots,f_n(x_n(t))]^\mathrm{T}$ 和 $f_j(x_j((t))=g_j(x_j(t)+u_j^*+I)-g_j(u_j^*+I)$，$j=1,2,\cdots,n$.

激活函数 $f(\cdot)$ 满足条件（H），等价于

$$k_i^-\leqslant\frac{f_i(x_i)}{x_i}\leqslant k_i^+, f_i(0)=0,\quad x_i\neq0,\quad i=1,2,\cdots,n.\qquad(7.5)$$

下面给出以下引理：

引理 7.1 对于任意常量矩阵 $M\in R^{n\times n}$，$M=M^\mathrm{T}>0$，标量 $\rho>0$，向量值函数满足 $\omega:[0,\rho]\to R^n$，以下积分不等式成立：

$$\left[\int_0^\rho\omega(s)\mathrm{d}s\right]^\mathrm{T}M\left[\int_0^\rho\omega(s)\mathrm{d}s\right]\leqslant\rho\int_0^\rho\omega^\mathrm{T}(s)M\omega(s)\mathrm{d}s.\qquad(7.6)$$

7.2　主要结果

首先我们定义：$K_1=\mathrm{diag}\{k_1^+,k_2^+,\cdots,k_n^+\}, K_2=\mathrm{diag}\{k_1^-,k_2^-,\cdots,k_n^-\}$.

定理 7.1 对给定常量 $0\leqslant h_1$，$0\leqslant h$ 和 μ_1,μ，静态递归神经网络（7.4）是渐进稳定的，如果存在以下矩阵 $P>0, R_1\geqslant0, R_2\geqslant0, Q_r=Q_r^\mathrm{T}\geqslant0, r=1,2,3,4$；$Z_j=Z_j^\mathrm{T}>0, j=1,2,3,4$ ；$S=\mathrm{diag}\{s_1,s_2,\cdots,s_n\}$，；$\Lambda=\mathrm{diag}\{\lambda_1,\lambda_2,\cdots,\lambda_n\}$ 和 $T_j=\mathrm{diag}\{t_{1j},t_{2j},\cdots,t_{nj}\}, j=1,2,3$，以下 LMI 成立：

$$\Psi=\begin{bmatrix}\Psi_{11}&\Psi_{12}&\cdots&\Psi_{18}&\cdots&\Psi_{1,11}&-h_1Z_1&-h_2Z_2&-hZ_3\\ *&\Psi_{22}&\cdots&\Psi_{28}&\cdots&\Psi_{2,11}&0&0&0\\ *&*&\cdots&\vdots&\vdots&\vdots&\vdots&\vdots&\vdots\\ *&*&*&\Psi_{88}&\cdots&\Psi_{8,11}&h_1Z_1&h_2Z_2&hZ_3\\ *&*&*&*&\ddots&\vdots&\vdots&\vdots&\vdots\\ *&*&*&*&\cdots&\Psi_{11,11}&0&0&0\\ *&*&*&*&\cdots&*&-Z_1&0&0\\ *&*&*&*&\cdots&*&*&-Z_2&0\\ *&*&*&*&\cdots&*&*&*&-Z_3\end{bmatrix}<0,\qquad(7.7)$$

且

$$\Psi_{11} = Q_1 + R_1 + R_2 - PA - A^{\mathrm{T}}P - (W^{\mathrm{T}}K_1\Lambda - W^{\mathrm{T}}K_0S)A - $$
$$A^{\mathrm{T}}(\Lambda K_1 W - SK_0 W) - 2K_1 W T_2 K_0 W$$

$$\Psi_{16} = W^{\mathrm{T}}K_1 T_1 + W^{\mathrm{T}}K_0 T_1 - A^{\mathrm{T}}W^{\mathrm{T}}S + A^{\mathrm{T}}W^{\mathrm{T}}\Lambda$$

$$\Psi_{18} = P - W^{\mathrm{T}}K_0 S + W^{\mathrm{T}}K_1\Lambda$$

$$\Psi_{22} = -(1-\mu_1)(Q_1 - Q_2) - 2W^{\mathrm{T}}K_1 T_1 K_0 W$$

$$\Psi_{33} = -(1-\mu)Q_3 - 2W^{\mathrm{T}}K_1 T_2 K_0 W$$

$$\Psi_{38} = W^{\mathrm{T}}K_0 T_2 + W^{\mathrm{T}}K_1, T_2$$

$$\Psi_{68} = (S - \Lambda)W$$

$$\Psi_{44} = -R_2, \quad \Psi_{55} = -R_1, \quad \Psi_{66} = Q - 2T_1$$

$$\Psi_{77} = -(1-\mu_1)(Q_3 - Q_4)$$

$$\Psi_{88} = -(1-\mu)Q - 2T_2$$

$$\Psi_{99} = -Z_1, \quad \Psi_{10,10} = -Z_2, \quad \Psi_{11,11} = -Z_3$$

其他所有项为 0。

证明: 为系统 7.3 定义以下 Lyapunov 泛函:

$$V(x(t)) = \sum_{i=1}^{5} V_i(x(t))$$

$$V_1(x(t)) = x^{\mathrm{T}}(t)Px(t) + 2\sum_{i=1}^{n}\left(s_i\int_0^{W_i x(t)}(f_i(\theta) - k_i^-\theta)\mathrm{d}\theta + \lambda_i\int_0^{W_i x(t)}(k_i^+\theta - f_i(\theta))\mathrm{d}\theta \right)$$

$$V_2(x(t)) = \int_{t-d_1(t)}^{t} x^{\mathrm{T}}(s)Q_1 x(s)\mathrm{d}s + \int_{t-d(t)}^{t-d_1(t)} x^{\mathrm{T}}(s)Q_2 x(s)\mathrm{d}s$$

$$V_3(x(t)) = \int_{t-d_1(t)}^{t} f^{\mathrm{T}}(x(s))Q_3 f(x(s))\mathrm{d}s + \int_{t-d(t)}^{t-d_1(t)} f^{T}(x(s))Q_4 f(x(s))\mathrm{d}s$$

$$V_4(x(t)) = \int_{t-h}^{t} x^{\mathrm{T}}(s)R_1 x(s)\mathrm{d}s + \int_{t-h_1}^{t} x^{\mathrm{T}}(s)R_2 x(s)\mathrm{d}s$$

$$V_5(x(t)) = \int_{-h_1}^{0}\int_{t+\theta}^{t} h_1\dot{x}^{\mathrm{T}}(s)Z_1\dot{x}(s)\mathrm{d}s\mathrm{d}\theta + \int_{-h}^{-h_1}\int_{t+\theta}^{t} h_2\dot{x}^{\mathrm{T}}(s)Z_2\dot{x}(s)\mathrm{d}s\mathrm{d}\theta + $$
$$\int_{-h}^{0}\int_{t+\theta}^{t} h\dot{x}^{\mathrm{T}}(s)Z_3\dot{x}(s)\mathrm{d}s\mathrm{d}\theta$$

且 $P > 0$, $R_1 > 0$, $R_2 > 0$, $Q_r = Q_r^{\mathrm{T}} \geqslant 0$, $r = 1,2,3,4$, $S = \mathrm{diag}\{S_1, S_2, \cdots, S_n\}$, $\Lambda = \mathrm{diag}\{\lambda_1, \lambda_2, \cdots, \lambda_n\}$, $Z_j = Z_j^{\mathrm{T}} > 0$, $j = 1,2,3$ 待定.

对任意对角矩阵 $T_1 > 0$, $T_2 > 0$ 及 $T_3 > 0$, 根据 (7.5) 下列不等式成立:

$$0 \leqslant -2\sum_{i=1}^{n} t_{i1}(f_i(W_i x(t)) - k_i^+ W_i x(t)) \times (f_i(W_i x(t)) - k_i^- W_i x_i(t)) - $$
$$2\sum_{i=1}^{n} t_{i2}(f_i(W_i x_i(t-d(t))) - k_i^+ W_i x_i(t-d(t))) \times$$

$$(f_i(W_ix_i(t-d(t)))-k_i^-W_ix_i(t-d(t)))-$$
$$2\sum_{i=1}^n t_{i3}(f_i(W_ix_i(t-d_1(t)))-k_i^+W_ix_i(t-d_1(t)))\times$$
$$(f_i(W_ix_i(t-d_1(t)))-k_i^-W_ix_i(t-d_1(t)))$$
$$= -2(f(Wx(t))-K_1Wx(t))^{\mathrm{T}}T_1(f(Wx(t))-K_0Wx(t))-$$
$$2(f(Wx(t-d(t))-K_1Wx(t-d(t))T_2\times$$
$$(f(Wx(t-d(t))-K_1Wx(t-d(t))- \qquad\qquad (7.8)$$
$$2(f(Wx(t-d_1(t))-K_1Wx(t-d_1(t))T_3$$
$$(f(Wx(t-d_1(t))-K_1Wx(t-d_1(t))$$

对 $V(x(t))$ 求导：

$$\dot{V}_2(x(t)) = 2x^{\mathrm{T}}(t)P\dot{x}(t)+[f(Wx(t))-K_0x(t)]^{\mathrm{T}}SW\dot{x}(t)+$$
$$2[K_1x(t)-f(Wx(t))]^{\mathrm{T}}\Lambda W\dot{x}(t) \qquad\qquad (7.9)$$

$$\dot{V}_2(x(t)) \leqslant x^{\mathrm{T}}(t)Q_1x(t)-(1-\mu_1)x^{\mathrm{T}}(t-d_1(t))Q_1x(t-d_1(t))+$$
$$(1-\mu_1)x^{\mathrm{T}}(t-d_1(t))Q_2x(t-d_1(t))- \qquad\qquad (7.10)$$
$$(1-\mu)x^{\mathrm{T}}(t-d(t))Q_2x(t-d(t))$$

$$\dot{V}_3(x(t)) \leqslant f(Wx(t))^{\mathrm{T}}Q_3f(Wx(t))-$$
$$(1-\mu_1)f(Wx(t-d_1(t)))^{\mathrm{T}}Q_3f(Wx(t-d_1(t)))+$$
$$(1-\mu_1)f(Wx(t-d_1(t)))^{\mathrm{T}}Q_4f(Wx(t-d_1(t)))- \qquad (7.11)$$
$$(1-\mu)f(Wx(t-d(t)))^{\mathrm{T}}Q_4f(Wx(t-d(t)))$$

$$\dot{V}_4(x(t)) = x^{\mathrm{T}}(t)(R_1+R_2)x(t)-x^{\mathrm{T}}(t-h)R_1x(t-h)-$$
$$x^{\mathrm{T}}(t-h_1)R_2x(t-h_1) \qquad\qquad (7.12)$$

使用引理 7.1 Jensen 不等式，可以得到：

$$\dot{V}_5(x(t)) = \dot{x}^{\mathrm{T}}(t)(h_1^2Z_1+h_2^2Z_2+h^2Z_3)\dot{x}(t)-\int_{t-h_1}^t h_1\dot{x}^{\mathrm{T}}(s)Z_1\dot{x}(s)\,\mathrm{d}s-$$
$$\int_{t-h}^{t-h_1}h_2\dot{x}^{\mathrm{T}}(s)Z_2\dot{x}(s)\,\mathrm{d}s-\int_{t-h}^t h\dot{x}^{\mathrm{T}}(s)Z_3\dot{x}(s)\,\mathrm{d}s$$
$$\leqslant \dot{x}^{\mathrm{T}}(t)(h_1^2Z_1+h_2^2Z_2+h^2Z_3)\dot{x}(t)-(\int_{t-h_1}^t\dot{x}(s)\,\mathrm{d}s)^TZ_1(\int_{t-h_1}^t\dot{x}(s)\,\mathrm{d}s)- \qquad (7.13)$$
$$(\int_{t-h}^{t-h_1}\dot{x}(s)\,\mathrm{d}s)^TZ_2(\int_{t-h}^{t-h_1}\dot{x}(s)\,\mathrm{d}s)-(\int_{t-h}^t\dot{x}(s)\,\mathrm{d}s)^TZ_3(\int_{t-h}^t\dot{x}(s)\,\mathrm{d}s)$$

使用引理 2.1，合并式（7.8）~（7.13），可以得到

$$\dot{V}(x(t)) \leqslant \xi^{\mathrm{T}}(t)\Psi\xi(t) \tag{7.14}$$

且

$$
\begin{aligned}
\xi(t) = [x(t) \; x^{\mathrm{T}}(t-d_1(t)) \; x^{\mathrm{T}}(t-d(t)) \; x^{\mathrm{T}}(t-h_1) \; x^{\mathrm{T}}(t-h) \\
f(Wx(t))^{\mathrm{T}} \; f(Wx(t-d_1(t))) \; f(Wx(t-d(t)))^{\mathrm{T}} \\
\int_{t-h_1}^{t}\dot{x}(s)\mathrm{d}s \; \int_{t-h}^{t-h_1}\dot{x}(s)\mathrm{d}s \; \int_{t-h}^{t}\dot{x}(s)\mathrm{d}s]^{\mathrm{T}}.
\end{aligned}
$$

因此，我们很容易得到，如果 $\Psi < 0$，那么 $\dot{V}(x(t)) < 0$。因此，如果（7.7）式给出 LMI 成立，那么系统（7.1）就是渐进稳定的。证毕。

7.3 数值实例

在本小节，我们给出一个数值例子，并与最近的文献进行比较，验证本章所得结果的有效性和较少保守性。考虑以下带有两个时变时滞的静态递归神经网络：

$$\dot{x}(t) = -Ax(t) + f(Wx(t-d_1(t)-d_2(t)))$$

且

$$
A = \begin{bmatrix} 5.368\ 9 & 0 & 0 \\ 0 & 2.654\ 7 & 0 \\ 0 & 0 & 5.664\ 4 \end{bmatrix},
$$

$$
W = \begin{bmatrix} 14.454\ 7 & -2.369\ 9 & 0.554\ 8 \\ 8.910\ 6 & 22.000\ 3 & 3.264\ 1 \\ 0.792\ 0 & -1.566\ 3 & -19.866\ 5 \end{bmatrix}
$$

$$d_1(t) \leqslant 0.1, \quad d_2(t) \leqslant 0.6, \quad h_1 = 0.3, \quad h_2 = 0.55.$$

激活函数满足

$$
K_0 = \begin{bmatrix} 0.124\ 3 & 0 & 0 \\ 0 & 0.056\ 4 & 0 \\ 0 & 0 & 0.092\ 1 \end{bmatrix},
$$

$$
K_1 = \begin{bmatrix} 0.368\ 0 & 0 & 0 \\ 0 & 0.179\ 5 & 0 \\ 0 & 0 & 0.287\ 0 \end{bmatrix}.
$$

　　结果证明，在此例的条件下文献 [183]的结果不能适用，而本章所给的定理是可信的，系统是渐进稳定的。

7.4　本章小结

　　本章重点研究了带有两个时变时滞的静态递归神经网络的稳定性，得到了一个新的时滞相关的稳定性准则。最后给出一个数值实例验证了准则的有效性。

8 总结与展望

8.1 主要结论

　　稳定性是动力系统最基本也是最重要的特征之一，是任何系统分析和控制系统设计都必须首先考虑的问题。动力系统的稳定性容易受到不可避免的时滞、随机噪声以及系统误差、系统参数振动等诸多不确定性因素的影响，因此研究克服这些因素的影响就显得十分重要。本论文主要围绕几类动力系统的渐近稳定性和鲁棒稳定性开展研究，得到了一些新的稳定性条件。主要的研究工作和结论如下：

　　① 基于一个新的、具有几个连续累加时滞的系统模型，研究了带时变时滞的不确定系统的稳定性问题。作为该模型的特例，考虑了具有两个累加时滞的情况，在估计 Lyapunov-Krasovskii 泛函导数上界时，充分考虑了时滞和时滞上界的关系，得到了带两个连续时滞的不确定系统全局渐近稳定和鲁棒稳定的一些新的充分条件，其中参数不确定性是范数有界的，其思想可以推广到带多个连续时滞的线性系统中。

　　② 考虑到在许多具有实际意义的系统中，时滞包含在一个有界的区间 $[\underline{\tau}, \overline{\tau}]$ 内，其中 $\underline{\tau} > 0$ 是区间的下界，即时滞的下界并不为 0。研究了一类时变时滞神经网络平衡点与时滞区间相关的稳定性。利用 Lyapunov-Krasovskii 泛函，组合一些微分不等式和 LMI 技术，并且引入自由权值矩阵，得到了几个与时滞区间相关和与时滞导数无关/相关的神经网络平衡点全局渐近稳定和鲁棒稳定的判断准则。

　　③ 利用时滞分段方法，研究了一类带常时滞的静态递归神经网络的全局渐近稳定性问题。不同于以前的相关文献，神经元的激活函数既不需要假定

为单调的、可微的，也不需要是有界的。得到了几个与时滞相关的时滞静态递归神经网络渐近稳定性的充分条件，该条件与已有结论相比较不仅形式简单且具有更小的保守性。实验结果同时表明，时滞分段技术对扩大时滞的上界是有效的。

④ 利用自由权值矩阵和线性矩阵不等式方法，研究带区间变时滞的不确定基因调控网络的全局鲁棒稳定性问题。得到了若干个新颖的时滞基因调控网络的鲁棒稳定性判定条件。有效地克服了时变时滞导数必须小于 1 的限制，使得所得的结果适用范围更宽。由于采用了线性矩阵不等式 LMI 方法，使得这些结果更易于验证。

⑤ 研究随机噪声以及时滞对基因调控网络的全局渐近稳定性和鲁棒稳定性的影响。通过随机分析方法、引入自由权值矩阵以及构建包含时滞上下界信息的 Lyapunov-Krasovskii 泛函，得到了几个判断基因调控网络在均方意义下是渐近稳定和鲁棒稳定的充分条件，这些条件刻画了随机噪声对基因调控网络稳定性的影响。

⑥ 研究了带有两个时变时滞的随机静态递归神经网络时滞相关稳定性，通过引入 Lyapunov-Krasovskii 泛函和微分不等式，得到了一个时滞相关的稳定性准则。

8.2　后续研究工作的展望

本论文在线性系统、神经网络和基因调控网络等几类动力系统的稳定性方面做的一些工作，取得了一定的成果。但还存在着许多需要进一步研究的问题，许多方面还有待于在今后的工作中继续完善，这些问题包括：

① 进一步研究其他类型的神经网络，例如模糊神经网络、脉冲神经网络、随机神经网络以及混杂开关神经网络等。

② 本文第 6 章讨论的仅是随机噪声对系统稳定性起破坏作用的一个方面，但近年来对随机性在生命系统中作用的大量理论和实验研究表明，在生命过程中，噪声有时起着积极的作用。已经发现，若一个系统有两个稳定的

状态，外部噪声能够诱导系统在这两种状态之间切换。这种可控的状态转化可能在基因疗法中有重要的意义，我们可以用外部噪声诱导基因调控网络的状态按照期望的方式变化以实现蛋白质浓度的放大[179]；目前关于这方面的研究不多，因此，进一步研究噪声对基因调控网络多重稳定性的影响也是非常有意义的课题。

③ 一些研究发现，不同基因之间存在的时滞不同[158, 159]。目前研究具有多时滞、分布时滞的基因调控网络的稳定性的工作还很少，在此基础上同时考虑随机干扰以及脉冲对基因调控网络的动力学影响的工作基本处于空白，这一部分的工作仍然具有很大的研究空间。

参考文献

[1] Y. Kuang. Delay differential equations with applications in population dynamics[M]. Academic Press, Boston, 1993.

[2] N. MacDonald. Biological delay systems：linear stability theory[M]. Cambridge University Press, Cambridge, 1989.

[3] S. I. Niculescu. Delay effects on stability：A robust control approach[M]. Springer, Berlin, 2001.

[4] 张冬梅, 俞立. 线性时滞系统稳定性分析综述[J]. 控制与决策, 2008, 23（8）：841-848.

[5] S.S. Wang, B.S. Chen, T.P. Lin. Robust stability of uncertain time-delay systems[J]. International Journal of Control, 1987, 46（3）: 963-976.

[6] S.I. Niculescu, A.T. Neto, J.M. Dion, L .Dugard. Delay dependent stability of linear systems with delayed state: an LMI approach[J]. Proc. 34th IEEE Conf. Decision and Control, 1995：1495-1496.

[7] X. Li, C. E. De Souza. Criteria for robust stability and stabilization of uncertain linear systems with state delay[J]. Automatica, 1997, 9（33） 1657-1662.

[8] J. Chen. On computing the maximal delay intervals for stability of linear delay systems[J]. IEEE Transactions on Automatic Control 1995, 6（40）1087-1093.

[9] G.. Gu, E. B. Lee. Stability testing of time delay systems[J]. Automatica 1989, 5（35）777-780.

[10] J. P. Richard. Time-delay systems：an overview of some recent advances and open problems[J]. Automatica, 2003, 39（10）: 1667-1694.

[11] C. Peng, Y. Tian. Delay-dependent robust stability criteria for uncertain systems with interval time-varying delay[J]. Journal of Computational and Applied Mathematics, 2008, 214（2）: 480-494.

[12] C. Peng, Y. Tian. Networked H∞ control of linear systems with state quantization[J]. Information Sciences, 2007, 177（24）: 5763-5774.

[13] E. Fridman, U. Shaked. An improved stabilization method for linear time-delay systems[J]. IEEE Transactions on Automatic Control, 2002, 47（11）: 1931-1937.

[14] E. Fridman, U. Shaked. Delay-dependent stability and H∞ control: constant and time-varying delays[J]. International Journal of Control, 2003, 76（1）: 48-60.

[15] P. Gahinet, A. Nemirovskii, A. Laub, M. Chilali. LMI control Toolbox user's guide[M]. The Math. Works Inc., Natick, MA, 1995.

[16] H. Gao, T. Chen, J. Lam. A new delay system approach to network-based control[J]. Automatica, 2008, 44（1）: 39-52.

[17] K. Gu, V. L. Kharitonov, J. Chen. Stability of time-delay systems[M]. Boston：Birkhäuser 2003.

[18] J. K. Hale, S. M. Verduyn Lunel. Introduction of functional differential equations[M]. New York：Springer 1993.

[19] Y. He, Q.Wang, C. Lin, M. Wu. Delay-range-dependent stability for systems with time-varying delay[J]. Automatica, 2007, 43（2）: 371-376.

[20] Y. He, Q.Wang, L. Xie, C. Lin. Further improvement of free-weighting matrices technique for systems with time-varying delay[J]. IEEE Transactions on Automatic Control, 2007, 52（2）: 293-299.

[21] Y. He, M. Wu, J. She, G. Liu. Parameter-dependent Lyapunov functional for stability of time-delay systems with polytopic-type uncertainties[J]. IEEE Transactions on Automatic Control, 2004, 49（5）: 828-832.

[22] Y. He, G. Liu, D. Rees, M. Wu. Stability analysis for neural networks with time-varying interval delay[J]. IEEE Transactions on Neural Networks, 2007, 18（6）: 1850-1854.

[23] X. Jing, D. Tan, Y. Wang. An LMI approach to stability of systems with severe time-delay[J]. IEEE Transactions on Automatic Control, 2004, 49（7）: 1192-1195.

[24] J. Kim. Delay and its time-derivative dependent robust stability of time-delayed linear systems with uncertainty[J]. IEEE Transactions on Automatic Control, 2001, 46（5）: 789-792.

[25] J. Lam, H. Gao, C Wang. Stability analysis for continuous systems with two additive time-varying delay components[J]. Systems Control Letters, 2007, 56（1）: 16-24.

[26] Y. Lee, Y. Moon, W. Kwon, K. Lee. Delay-dependent robust H∞ control for uncertain systems with time-varying state-delay[J]. In Proceedings of the 40th conference on decision control, 2001, 4: 3208-3213.

[27] C. Lin, Q. Wang, T. Lee. A less conservative robust stability test for linear uncertain time-delay systems[J]. IEEE Transactions on Automatic Control, 2006, 51（1）: 87-91.

[28] S. Xu, J. Lam. Improved delay-dependent stability criteria for time-delay systems[J]. IEEE Transactions on Automatic Control, 2005, 50（3）: 384-387.

[29] Y. Moon, P. Park, W. Kwon, Y. Lee. Delay-dependent robust stabilization of uncertain state-delayed systems[J]. International Journal of Control, 2001, 74（14）: 1447-1455.

[30] M. Wu, Y. He, J. She, G. Liu. Delay-dependent criteria for robust stability of time-varying delay systems[J]. Automatica, 2004, 40（8）: 1435-1439.

[31] H. Yan, X. Huang, H. Zhang, M. Wang. Delay-dependent robust stability criteria of uncertain stochastic systems with time-varying delay[J]. Chaos, Solitons & Fractals, 2009, 40（4）: 1668-1679.

[32] Z. Zhang, C. Li, X. Liao. Delay-dependent robust stability analysis for interval linear time-variant systems with delays and application to delayed neural networks[J]. Neurocomputing, 2007, 70（16-18）: 2980-2995.

[33] M. Corless. Guaranteed rates of exponential convergence for exponential convergence for uncertain system[J]. Journal of Optimization Theory and Applications, 1990, 67（3）: 481-494.

[34] H.R. Karimi. Robust dynamic parameter-dependent output feedback control of uncertain parameter-dependent state-delayed systems[J]. Nonlinear Dynamics and Systems Theory, 2006, 6（2）: 143-158.

[35] X. Lou, B.Cui. Robust stability for nonlinear uncertain neural networks with delay[J]. Nonlinear Dynamics and Systems Theory, 2007, 7（4）: 369-378.

[36] Ladyzhenskaya. Boundary value problems of mathematical physics[M]. Moscow: Nauka 1973. English transl. The boundary value problems of mathematical physics, New York: Springer 1985.

[37] V. S. Borkar, K.Soumyanatha, An analog scheme for fixed point computation--Part I: theory[J]. IEEE Transactions on Circuits and Systems I, 1997, 44: 351-355.

[38] L. O. Chua, L.Yang, Cellular neural networks: applications[J]. IEEE Transactions on Circuits and Systems, 1988, 35: 1273-1290.

[39] Cichocki, R.Unbehauen. Neural networks for optimization and signal processing[M]. Wiley, Chichester, 1993.

[40] N. Michel, D.Liu. Qualitative analysis and synthesis of recurrent neural networks[M]. Marcel Dekker, NewYork, 2002.

[41] Y. H. Chen, S. C. Fang, Neurocomputing with time delay analysis for solving convex quadratic programming problems[J]. IEEE Transactions on Neural Networks, 2000, 11（1）: 230-239.

[42] X. Liao, J. Yu. Qualitative analysis of bi-directional associative memory with time delay[J]. International Journal of Circuits Theory and Applications, 1998, 26（4）: 219-229.

[43] X. Liao, J. Yu. Robust stability of interval hopfield neural network with time delay[J]. IEEE Transactions on Neural Networks, 1998, 9（5）: 1042-1045.

[44] X.Liao, Kwok-wo Wong, Wu Zhongfu. Novel stability conditions for cellular neural networks with time delay[J]. International Journal of Bifurcation and Chaos, 2001, 11（7）: 1853-1864.

[45] X. Liao, K.W. Wong, Z. Wu, G. Chen. Novel robust stability criteria for interval delayed hopfield neural networks[J]. IEEE Transactions on Circuits and Systems I, 2001, 48（11）: 1355-1359.

[46] X. Liao, Z. Wu, J. Yu. Stability analyses of cellular neural networks with continuous time delay[J]. Journal of Computational and Applied Mathematics, 2002, 143（4）: 29-47.

[47] X. Liao, J. Yu, G. Chen. Novel stability criteria for bi-directional associative memory neural networks with time delays[J]. International Journal of Circuits Theory and Applications, 2002, 30（5）: 519-546.

[48] X. Liao, G. Chen, E.N. Sanchez. Delay-dependent exponential stability analysis of delayed neural networks: an LMI approach[J]. Neural Networks, 2002, 15（2）: 855-866.

[49] X. Liao, G. Chen, E. N. Sanchez. LMI-based approach for asymptotically stability analysis of delayed neural networks[J]. IEEE Transactions on Circuits and Systems I, 2002, 49（7）: 1033-1039.

[50] X. Liao, K.W. Wong, Z. Wu. Asymptotic stability criteria for a two-neuron network with different time delays[J]. IEEE Transactions on Neural Networks, 2003, 14（1）: 222-227.

[51] X. Liao, K.W. Wong. Global exponential stability of hybrid bidirectional associative memory neural networks with discrete delays[J]. Physical Review E, 2003, 67, 042901.

[52] X. Liao, J. Wang, J. Cao. Global and robust stability of interval hopfield neural networks with time-varying delays[J]. International Journal of Neural Systems, 2003, 13（3）: 171-182.

[53] Li, X. Liao, R. Zhang. New algebraic conditions for global exponential stability of delayed recurrent neural networks[J]. Neurocomputing, 2005, 64: 319-333.

[54] X. Liao, K.W. Wong, S. Yang. Convergence dynamics of hybrid bi-directional associtative memory neural networks with distributed delays[J]. Physics Letters A, 2003, 316（12）: 55-64.

[55] J. Cao, J. Wang, X. Liao. Novel stability criteria for delayed cellualr neural networks[J]. International Journal of Neural Systems, 2003, 13（5）: 367-375.

[56] X. Liao, K.W. Wong. Robust stability of interval bi-directional associative memory neural networks with time delays[J]. IEEE Transactions on Systems, Man, and Cybernetics-B, 2004, 34（2）: 1141-1154.

[57] X. Liao, K.W. Wong. Global exponential stability for a class of retarded functional differential equations with applications in neural networks[J]. Journal of Mathematical Analysis and Applications, 2004, 293（1）: 125-148.

[58] X. Liao, K.W. Wong, C. Li. Global exponential stability for a class of generalized neural networks with distributed delays[J]. Nonlinear Analysis: Real World Applications, 2004, 5（3）: 527-547.

[59] X. Liao, K.W. Wong, C, Leunga, Z. Wu. Hopf bifurcation and chaos in a single delayed neuron equation with nonmonotonic activation function[J]. Chaos, Solitons & Fractals, 2001, 12（4）: 1535-1547.

[60] X. Liao, C. Li. Global attractivity of Cohen-Grossberg model with finite and infinite delays [J]. Journal of Mathematical Analysis and Applications, 2006, 315: 244-262.

[61] Li, X. Liao. Global robust stability criteria for interval delayed neural networks via an LMI approach[J]. IEEE Transactions on Circuits and Systems II, 2006, 53（9）: 901-905

[62] J. Cao, J. Wang . Global asymptotic stability of a general class of recurrent neural networks with time-varying delays[J]. IEEE Transactions on Circuits and Systems I, 2003, 50（1）: 34-44.

[63] T. Liao, F. Wang. Global stability condition for cellular neural networks with time delay[J]. IEE Electronics Letters, 1999, 35（16）: 1347-1349.

[64] T. Liao, F. Wang. Global stability for cellular neural networks with time delay[J]. IEEE Transactions on Neural Networks, 2000, 11（6）: 1481-1484.

[65] X. Liao, K.W. Wong, S. Yang. Stability analysis for delayed cellular neural networks based on linear matrix inequality approach[J]. International Journal of Bifurcation and Chaos, 2004, 14（9）: 3377-3384.

[66] J. Cao. Global stability conditions for delayed CNNs[J]. IEEE Transactions on Circuits and Systems I, 2001, 48（11）: 1330-1333.

[67] S.Arik, V. Tavsanoglu. On the global asymptotic stability of delayed cellular neural networks[J]. IEEE Transactions on Circuits and Systems I, 2000, 47（4）: 571-574.

[68] S.Arik. An analysis of global asymptotic stability of delayed cellular neural networks[J]. IEEE Transactions on Neural Networks, 2002, 13（5）: 1239-1242.

[69] F.Tu, X.. Liao. Harmless delays for global asymtotic stability of cohen-grossberg neural networks [J]. Choas, Solitions & Fractals, 2005, 26（3）: 927-933.

[70] J.K. Hale, S.M.V. Lunel. Introduction to the theory of functional differential Equations[J]. Applied mathematical sciences, Vol. 99, New York: Springer, 1999.

[71] X. Liao, W. Mu, J. Yu.Stability analysis of bi-directional association memory with axonal signal transmission delay[J]. Proceedings of the third International Conference on Signal Processing, 1996, 2: 1457-1460.

[72] Li, X. Liao. Global robust asymptotical stability of multi-delayed interval neural networks: An LMI Approach[J]. Physics Letters A, 2004, 328（3）: 452-462.

[73] A.N. Michel, J.A. Farrell, W. Porod. Qualitative analysis of neural networks[J]. IEEE Transactions on Circuits Systems I, 1989, 36: 229-243.

[74] K. Gopalsamy, X. He. Delay-dependent stability in bi-directional associative memory networks[J]. IEEE transaction on Neural Networks, 1994, 5: 998-1002.

[75] S. Arik .Stability analysis of delayed neural networks[J]. IEEE Transaction on Circuits and Systems, 2000, 47（7）: 1089-1092.

[76] J.Cao. Periodic oscillation and exponential stability of delayed CNN[J]. Physics Letters A 2000, 270: 157-163.

[77] K.Gopalsamy, X. Z. He. Stability in asymmetric Hopfield networks with transmission delays[J]. Physica D, 1994, 76: 344-358.

[78] C. Li, X. Liao, Y. Chen. On the robust stability of bidirectional associative memory neural networks with constant delays[J]. Lecture Notes in Computer Science, 2004, 3173: 102-107.

[79] M.Joy. On the global convergence of a class of functional differential equations with application in neural network theory[J]. Journal of Mathematical Analysis and Applications, 1999, 232：61-81.

[80] M.Joy. Results concerning the absolute stability of delayed neural networks[J]. Neural Networks, 2000, 13：613-616.

[81] Y. Zhang. Global exponential stability and periodic results of delay Hopfield neural networks[J]. International Journal of System Sciences, 1996, 27：227-231.

[82] E.N. Sanchez, J.P. Perez. Input-to-state stability analysis for dynamic NN[J]. IEEE Transactions on Circuits Systems, 1999, 46：1395-1398.

[83] Y. Nesterov, A. Nemirovsky. Interior point polynomial methods in convex Programming[J]. Studies in applied mathematics：Philadephia PA 1994.

[84] C. Li, X. Liao, R. Zhang. Delay-dependent exponential stability Analysis of BAM NNs：an LMI approach[J]. Chaos, Solitons & Fractals, 2005, 24（4）：1119-1134.

[85] X. Liao, J. Wang. Algebraic criteria for global exponential stability of cellular neural networks with multiple time delays[J]. IEEE Transactions on Circuits and Systems I, 2003, 50（2）：268-274.

[86] S. Arik. Global robust stability of delayed neural networks[J]. IEEE Transactions on Circuits and Systems I, 2003, 50（1）：156-160.

[87] H. Ye, N. Micheal, K. Wang. Robust stability of nonlinear time-delay systems with applications to neural networks[J]. IEEE Transactions on Circuits and Systems I, 1996, 43（7）：532-543.

[88] J. Suykens, B.D. Moor, J. Vandewalle. Robust local stability of multilayer recurrent neural networks[J]. IEEE Transactions on Neural networks, 2000, 11（1）：222-229.

[89] T. Chen, L. Rong. Robust global exponential stability of Cohen-Grossberg neural networks with time delays[J]. IEEE Transactions on Neural networks, 2004, 15（1）：203-206.

[90] S. I. Niculescu. Delay effects on stability : A robust Control approach[M]. Springer, Berlin, 2001.

[91] J.Cao, K. Yuan, H. Li. Global asymptotical stability of recurrent neural networks with multiple discrete delays and distributed delays[J]. IEEE Transactions on Neural Networks, 2006, 17（6）: 1646-1651.

[92] J. Cao, J. Wang. Global exponential stability and periodicity of recurrent neural networks with time delays[J]. IEEE Transactions on Circuits Systems I, 2005, 52（5）: 920-931.

[93] C. Li, J.Chen, T. Huang. A new criterion for global robust stability of interval neural networks with discrete time delays[J]. Chaos, Solitons and Fractals, 2007, 31（3）: 561-570.

[94] C. Li, X. Liao, K.W. Wong. Delay-dependent and delay-independent stability criteria for cellular neural networks with delays[J]. International Journal of Bifurcation and Chaos, 2006, 16（11）: 3323-3340.

[95] Z. Wang, H. Shu, J. Fang, X. Liu. Robust stability for stochastic Hopfield neural networks with time delays[J]. Nonlinear Analysis: Real World Applications, 2006, 7（5）: 1119-1128.

[96] Z. Wang, Y. Liu, K. Fraser, X. Liu. Stochastic stability of uncertain Hopfield neural networks with discrete and distributed delays[J]. Physics Letters A, 2006, 354,（4）: 288-297.

[97] T.Liao, J. Yan, C. Cheng, C. Hwang. Global exponential stability condition of a class of neural networks with time-varying delays[J]. Physics Letters A, 2005, 339（3-5）: 333-342.

[98] S. Xu, J. Lam. A new approach to exponential stability analysis of neural networks with time-varying delays[J]. Neural Networks, 2006, 19（1）: 76-83.

[99] J. Peng, H. Qiao, Z. Xu. A new approach to stability of neural networks with time-varying delays[J]. Neural Networks, 2002, 15 （1）: 95-103.

[100] Q. Song. Exponential stability of recurrent neural networks with both time-varying delays and general activation functions via LMI approach[J]. Neurocomputing, 2008, 71 （13-15）: 2823-2830.

[101] H. Huang, G. Feng. Delay-dependent stability for uncertain stochastic neural networks with time-varying delay[J]. Physica A: Statistical Mechanics and its Applications, 2007, 381 （15）: 93-103.

[102] Ren, J. Cao. LMI-based criteria for stability of high-order neural networks with time-varying delay[J]. Nonlinear Analysis: Real World Applications, 2006, 7 （5）: 967-979.

[103] X. Zhu, Y. Wang, G. Yang. New delay-dependent stability results for discrete-time recurrent neural networks with time-varying delay[J]. Neurocomputing, 2009, 72 （13-15）: 3376-3383.

[104] J. Zhang, P. Shi, J. Qiu. Novel robust stability criteria for uncertain stochastic Hopfield neural networks with time-varying delays[J]. Nonlinear Analysis: Real World Applications, 2007, 8（4）: 1349-1357.

[105] T. Li, L. Guo, C. Sun. Robust stability for neural networks with time-varying delays and linear fractional uncertainties[J]. Neurocomputing, 2007, 71 （1-3）: 421-427.

[106] J. Qiu, J. Zhang, J. Wang, Y. Xia, P. Shi. A new global robust stability criteria for uncertain neural networks with fast time-varying delays[J]. Chaos, Solitons & Fractals, 2008, 37 （2）: 360-368.

[107] H. Yang, T. Chu, C.Zhang. Exponential stability of neural networks with variable delays via LMI approach[J]. Chaos, Solitons and Fractals, 2006, 30 （1）: 133-139.

[108] C. Peng, Y. Tian. Delay-dependent robust stability criteria for uncertain systems with interval time-varying delay[J]. Journal of Computational and Applied Mathematics, 2008, 214 （2）: 480-494.

[109] L. Hu, H. Gao, W.Zheng. Novel stability of cellular neural networks with interval time-varying delay[J]. Neural Networks, 2008, 21（10）: 1458-1463.

[110] X. Jiang, Q. Han. Delay-dependent robust stability for uncertain linear systems with interval time-varying delay[J]. Automatica, 2006, 42（6）: 1059-1065.

[111] X. Jiang, Q. Han. New stability criteria for linear systems with interval time-varying delay[J]. Automatica, 2008, 44（10）: 2680-2685.

[112] Kwon, J. H. Park. Exponential stability analysis for uncertain neural networks with interval time-varying delays[J]. Applied Mathematics and Computation, 2009, 212（2）: 530-541.

[113] J. Qiu, H. Yang, J.Zhang., Z. Gao. New robust stability criteria for uncertain neural networks with interval time-varying delays[J]. Chaos, Solitons & Fractals, 2009, 39（2）: 579-585.

[114] W. Feng, S. X. Yang, W. Fu, H. Wu.Robust stability analysis of uncertain stochastic neural networks with interval time-varying delay[J].Chaos, Solitons & Fractals, 2009, 41（1）: 414-424.

[115] W.Feng, S. X. Yang, H. Wu. On robust stability of uncertain stochastic neural networks with distributed and interval time-varying delays[J]. Chaos, Solitons & Fractals, 2009, 42（4）2095-2104.

[116] J.Park. An analysis of global robust stability of uncertain cellular neural networks with discrete and distributed delays[J]. Chaos, Solitons and Fractals, 2007, 32（2）: 800-807.

[117] V. Singh. Robust stability of cellular neural networks with delay: linear matrix inequality approach[J]. IEE Proceedings Control Theory and Applications, 2004, 151（1）: 125-129.

[118] H. Zhang, C. Li, X. Liao. A note on the robust stability of neural networks with time delay[J]. Chaos, Solitons and Fractals, 2005, 25（2）: 357-360.

[119] S. Boyd, L. Ghaoui, E. EI Feron, V. Balakrishnan. Linear matrix inequalities in system and control theory[M]. Philadephia: SIAM, 1994.

[120] S. Haykin. NeuralNetwork s: AComprehensive Foundation[M]. New York: Macmillan, 1994.

[121] J. A. Hertz, A. Krogh, R. G. Palmer. Introduction to Theory of Neural Computation[M]. Reading, MA: Addison2W esley, 1994.

[122] Z. Xu, H. Qiao, J. Peng, B. Zhang. A comparative study on two modeling approaches in neural networks[J]. Neural Netwo rks, 2004, 17（1）: 73-85.

[123] S. Hu, J. Wang. Global stability of a class of continuous-time recurrent neural networks[J]. IEEE Transactions on Circuits and Systems I, 2002, 49（9）: 1334-1347.

[124] S. Xu, J. Lam, D. W. C. Ho, Y. Zou.Global robust exponential stability analysis for interval recurrent neural networks[J]. Physics Letters A, 2004, 325: 124-133.

[125] J. Liang, J. Cao. A based-on LMI stability criterion for delayed recurrent neural networks[J]. Chaos Solitons Fractals, 2006, 28: 154-160.

[126] H. Shao. Delay-Dependent Stability For Recurrent Neural Networks With Time-Varying Delays[J]. IEEE Transactions on Neural Networks, 2008, 19（9）: 1647-1651.

[127] C. Zheng, H. Zhang, Z. Wang. Delay-Dependent Globally Exponential Stability Criteria for Static Neural Networks: An LMI Approach[J]. IEEE Transactions On Circuits and Systems II, 2009, 56(7): 605-609.

[128] H. Shao. Delay-dependent approaches to globally exponential stability for recurrent neural networks[J]. IEEE Transactions on Circuits and Systems II, 2008, 55（6）: 591-595.

[129] S. Mou, H. Gao, J. Lam, W. Qiang. A new criterion of delay-dependent asymptotic stability for hopfield neural networks with time delay[J]. IEEE Transactions on Neural Networks, 2008, 19（3）: 532-535.

[130] J. M. Bower, H. Bolouri. Computational modelling of geneticand biochemical networks[M]. MITPress, Cambridge, MA, 2001.

[131] Davidson. Genomic regulatory systems[M]. Academic Press, San Diego, CA, 2001.

[132] Kitano. Foundations of systems biology[M]. MITPress, Cambridge, MA, 2001.

[133] L. Hood, D. Galas. The digital code of DNA[J]. Nature, 2003, 421（6921）: 444-448.

[134] N. Friedman, M. Linial, I. Nachman, D. Pe'er. Using Bayesian networks to analyze expression data[J]. Journal of Computational Biology, 2000, 7（3-4）: 601-620.

[135] A.J. Hartemink, D.K. Gifford, T.S. Jaakkola, R.A. Young. Bayesian methods for elucidating genetic regulatory networks[J]. IEEE Intelligent Systems, 2002, 17（2）: 37-43.

[136] C. Chaouiya, E. Remy, P. Ruet, D. Thieffry. Petri net modelling of biological regulatory networks[J]. Journal of Discrete Algorithms, 2008, 6（2）: 165-177.

[137] S. Hardy, P.N. Robillard. Modelling and simulation of molecular biology systems using Petri nets : modelling goals of various approaches[J]. Journal of Bioinformatics and Computational Biology, 2004, 2（4）: 595-613.

[138] R. Somogyi, C. Sniegoski. Modeling the complexity of genetic networks : understanding multigenic and pleiotropic regulation[J]. Complexity, 1996, 1（6）: 45-63.

[139] D.C Weaver, C.T. Workman, G.D. Storm. Modeling regulatory networks with weight matrices[J]. Proceedings of the Pacific Symposium on Biocomputing, 1999, 4: 113-123.

[140] Bolouri, E.H. Davidson. Modelling transcriptional regulatory networks[J]. BioEssays, 2002, 24（12）: 1118-1129.

[141] L. Chen, K. Aihara. Stability of genetic regulatory networks with time delay[J]. IEEE Transactions on Circuits and Systems I, 2002, 49（5）: 602-608.

[142] H.D. Jong. Modelling and simulation of genetic regulatory systems: a literature review[J]. Journal of Computational Biology, 2002, 9（1）: 67-103.

[143] LFA Wessels, EP Van Someren. MJT Reinders. A comparison of genetic network models[J]. In Pacific Symposium on Biocomputing, 2001, 6: 508-519.

[144] P. Smolen, D.A. Baxter, J.H. Byrne. Mathematical modeling of gene networks review[J]. Neuron, 2000, 26（3）: 567-580.

[145] Becskei, L. Serrano. Engineering stability in gene networks by autoregulation[J]. Nature, 2000, 405: 590-593.

[146] M.B. Elowitz, S. Leibler. A synthetic oscillatory network of transcriptional regulators[J]. Nature, 2000, 403（20）: 335-338.

[147] T. Gardner, C.R. Cantor, J.J. Collins. Construction of a genetic toggle switch in Escherichia Coli[J]. Nature, 2000, 403（20）: 339-342.

[148] F.J. Isaacs, J. Hasty, C.R. Cantor, J.J. Collins. Prediction and measurement of an autoregulatory genetic module[J]. Proceedings of the National Academy of Sciences, 2003, 100（13）: 7714-7719.

[149] Cao, F. Ren. Exponential stability of discrete-time genetic regulatory networks with delays[J]. IEEE Transactions on Neural Networks, 2008, 19（3）: 520-523.

[150] G. Chesi, Y.S. Hung. Stability analysis of uncertain genetic SUM regulatory networks[J]. Automatica, 2008, 44: 2298-2305.

[151] W. He, J. Cao. Robust stability of genetic regulatory networks with distributed delay[J]. Cognitive Neurodynamics, 2008, 2(4): 355-361.

[152] Li, L. Chen, K. Aihara. Stability of genetic networks with SUM regulatory logic : Lur ' e system and LMI approach[J]. IEEE Transactions on Circuits Systems I, 2006, 53 (11): 2451-2458.

[153] Li, L. Chen, K. Aihara. Stochastic stability of genetic networks with disturbance attenuation[J]. IEEE Transactions on Circuits Systems II, 2007, 54 (10): 892-896.

[154] Li, L. Chen, K. Aihara. Synchronization of coupled nonidentical genetic oscillators[J]. Physical Biology, 2006, 3 (1): 37-44.

[155] Ren, J. Cao. Asymptotic and robust stability of genetic regulatory networks with time-varying delays[J]. Neurocomputing, 2008, 71 (4-6): 834-842.

[156] Z. Wang, H. Gao, J. Cao, X. Liu. On delayed genetic regulatory networks with polytopic uncertainties: robust stability analysis[J]. IEEE Transactions on NanoBioscience, 2008, 7 (2): 154-163.

[157] T. Tian, K. Burragea, P.M. Burragea, M. Carlettib. Stochastic delay differential equations for genetic regulatory networks[J]. Journal of Computational and Applied Mathematics, 2007, 205 (2): 696-707.

[158] T. Chen, H. He, G Church. Modeling gene expression with differential equations. In Pacific Symposium on Biocomputing, 1999, 4: 29-40.

[159] M. Zou, SD. Conzen. A new dynamic Bayesian network (DBN) approach for identifying gene regulatory networks from time course micro array data[J]. Bioinformatics, 2005, 21 (1): 71-79.

[160] P. Smolen, D.A. Baxter, J.H. Byrne. Modeling circadian oscillations with interlocking positive and negative feedback loops[J]. Journal of Neurosci, 2001, 21: 6644-6656.

[161] H. Hirata, S. Yoshiura, T. Ohtsuka, Y. Bessho, T. Harada, K. Yoshikawa, R. Kageyama. Oscillatory expression of the bHLH factor Hes1 regulated by a negative feedback loop[J]. Science, 2002, 298: 840-843.

[162] Lewis, Autoinhibition with transcriptional delay: a simple mechanism for the zebra fish somitogenesis oscillator[J]. Current Biology, 2003, 13（16）: 1398-1408.

[163] S. Kalir, S. Mangan, U. Alon, A coherent feed-forward loop with a SUM input function prolongs flagella expression in Escherichia coli, Molecular Systems Biology 2005, doi: 10.1038/msb4100010.

[164] C.H. Yuh, H. Bolouri, E.H. Davidson, Genomic cis-regulatory logic: experimental and computational analysis of a sea urchin gene[J]. Science, 1998, 279: 1896-1902.

[165] Struhl. Fundamentally Different logic of gene regulation in eukaryotes and prokaryotes[J]. Cell, 1999, 98（1）: 1-4.

[166] Y. Shen, LMI-based stability criteria with auxiliary matrices for delayed recurrent neural networks[J]. IEEE Transactions on Circuits and Systems II, 2008, 55（8）: 811-815.

[167] Kaern M, Elston T, Blake W J, Collins J J .Stochasticity in gene expression: from theories to Phenotypes[J]. Nature Reviews Genetics, 2005, 6（6）: 451-464.

[168] Rro C V, Wolf D M, Arkin A P. Control, exploitation and tolerance of intracellular noise [J]. Nature, 2002, 420（6612）: 231-237.

[169] J. Paulsson. Summing up the noise in gene networks [J]. Nature, 2004, 427（6973）: 415-418.

[170] W. Chen, X. Lu. Mean square exponential stability of uncertain stochastic delayed neural networks[J]. Physics Letters A, 2008, 372（7）: 1061-1069.

[171] C. Li, X.F. Liao. Robust stability and robust periodicity of delayed recurrent neural networks with noise disturbance[J]. IEEE Transactions on Circuits and Systems I, 2006, 53（10）: 2265-2273.

[172] Arnold. Stochastic differential equations: theory and applications[M], U.K. Wiley, London, 1974.

[173] 李涤非. 噪声对基因调控网络 motif 信号处理的影响研究[D]. 成都: 电子科技大学, 2008.

[174] 虞慧婷, 吴骋, 柳伟伟, 付旭平, 贺佳. 基因调控网络模型构建方法[J]. 第二军医大学学报, 2006, 27（7）: 737-740.

[175] 刘化锋, 王文燕. 基因转录调控网络模型[J]. 山东大学学报（理学版）, 2006, 41（6）: 103-108.

[176] 王志伟, 侯中怀, 辛厚文. 合成基因网络中的内信号随机共振[J]. 中国科学, B 辑化学, 2005, 35（3）: 189-193.

[177] K. Murphy, S. Mian. Modelling Gene expression data using dynamic bayesian networks[R]. Technical Report, University of California, Berkeley, 1999.

[178] J. Hasty, J. Pradines, M. Dolnik, J.J. Collins. Noise-based switches and amplifiers for geneexpression[J]. Proceedings of the National Academy of Sciences, 2000, 97: 2075-2080.

[179] D.T. Gillespie. A general method for numerically simulating the stochastic time evolution of coupled chemical reactions [J]. Journal of Computational Physics, 1976, 22: 403-434.

[180] N.G. Van Kampen. Stochastic processes in physics and chemistry. North-Holland[M]. Amsterdam, 1981.

[181] W. Chen, Z.Guan, X. Lu. Delay-dependent exponential stability of uncertain stochastic systems with multiple delays : an LMI approach[J]. Systems & Control Letters, 2005, 54: 547-555.

[182] P. Liu, Q. Han, Discrete-time analogs for a class of continuous time recurrent neural networks, IEEE Trans. Neural Netw. vol. 18, pp. 1343–1355, 2007.

[183] W. Zhang, W. Feng, H. Wu, Delay-range-dependdent stability for staic recurrent neural networks with time-varying delays, 2009 second Asia-Pacific conference on Computional Intelligence and Industrial Applications, 2009, 14-18